PRAKTIKUM DER CHEMIE FÜR MEDIZINER

VON

DR. ROLF APPEL
PRIVATDOZENT AM CHEMISCHEN INSTITUT
DER UNIVERSITÄT HEIDELBERG

MIT 19 ABBILDUNGEN

SPRINGER-VERLAG
BERLIN · GÖTTINGEN · HEIDELBERG
1959

ISBN 978-3-642-49558-8 ISBN 978-3-642-49849-7 (eBook)
DOI 10 1007/978-3-642-49849-7

Alle Rechte,
insbesondere das der Übersetzung in fremde Sprachen,
vorbehalten

Ohne ausdrückliche Genehmigung des Verlages ist es auch nicht gestattet, dieses Buch oder Teile daraus auf photomechanischem Wege (Photokopie, Mikrokopie) zu vervielfältigen

© by Springer-Verlag OHG
Berlin · Göttingen · Heidelberg 1959

Die Wiedergabe von Gebrauchsnamen, Handelsnamen, Warenbezeichnungen usw. in diesem Werk berechtigt auch ohne besondere Kennzeichnung nicht zu der Annahme, daß solche Namen im Sinn der Warenzeichen- und Markenschutz-Gesetzgebung als frei zu betrachten wären und daher von jedermann benutzt werden dürften

BRÜHLSCHE UNIVERSITÄTSDRUCKEREI GIESSEN

Vorwort

Das chemische Praktikum soll dem angehenden Mediziner Gelegenheit geben, das in der Hauptvorlesung erlangte Verständnis für die allgemeinen Gesetzmäßigkeiten der Chemie in eigener praktischer Tätigkeit zu vertiefen und seine Stoffkenntnis zu erweitern. Daß dieser Zweck auch wirklich erreicht wird, fordert die von Jahr zu Jahr zunehmende Durchdringung der medizinischen Fächer mit Methoden und Begriffen der exakten Naturwissenschaften. Mit der verfügbaren Zahl von Kursstunden ein optimales Ergebnis zu erreichen, setzt äußerste Ökonomie der Planung — und manchen Verzicht — voraus.

Ein Grundgedanke bei der Abfassung der vorliegenden Anleitung war, daß auf keinen Fall auf ein wirkliches Verständnis der Grundgesetze der allgemeinen Chemie verzichtet werden kann. Dies dem Studierenden nahezubringen, sind die Versuche und theoretischen Erläuterungen des *allgemeinen Teils* bestimmt, wobei das Massenwirkungsgesetz entsprechend seiner Bedeutung für das Verständnis chemischer Reaktionen eine zentrale Stellung einnimmt. Diese Methodik bedingt eine Beschränkung der großen Zahl von Reaktionen und qualitativen Analysen, die bisher vielfach zusammenhanglos, und ohne im Gedächtnis zu haften, ausgeführt wurden. Sie hat aber den großen Vorteil, auf natürlichste Weise zu einer quantitativen Behandlung der gestellten Aufgaben hinzuleiten. Eine Ausbildung, die im qualitativen stecken bleibt, erweist sich heute als unzureichend, wo oft schon in der Doktorarbeit die Ausführung von Maßanalysen und Bestimmungen mit Hilfe von Ionenaustauschern, Papierchromatogrammen usw. gefordert wird.

Dementsprechend wurden die Übungen des *quantitativen Teils* unter Einbeziehung des wichtigen Ionenaustauschverfahrens so ausführlich behandelt, daß sie dem Studierenden einen Einblick in die Methodik naturwissenschaftlichen Arbeitens vermitteln. Ein besonderer Abschnitt ist Konzentrationsangaben und dem Herstellen von Lösungen gewidmet.

Im *organischen Teil* wurden die wichtigsten Kohlenwasserstoffe nebst Substitutionsprodukten und funktionellen Derivaten behandelt; daneben wurde Wert darauf gelegt, in die Chemie derjenigen

Stoffe einzuführen, die als Bausteine wichtiger Naturstoffe Bedeutung haben. Im Rahmen der Abschnitte über Aminosauren und Eiweißstoffe wird die papierchromatographische Trennung chemisch sehr ähnlicher Stoffe geübt.

Die Gliederung des Stoffes in 12 Kapitel erwies sich für den Unterricht als zweckmäßig. Die zu jedem Kapitel angeführten Versuche lassen sich bei guter Vorbereitung in der Regel während eines vierstündigen Praktikums erledigen, so daß bei durchschnittlich 12 Praktikumstagen im Semester der behandelte Stoff bewältigt werden kann.

Um zu selbständigem Denken anzuregen, was meines Erachtens mit ein Hauptanliegen des Kurses sein sollte, wurden 30 Aufgaben in die Anleitung eingefügt. Sie ermöglichen dem Studierenden zugleich eine gewisse Selbstkontrolle.

Der heutige Stand der Erkenntnis über die Natur der chemischen Bindung erlaubt die Zurückführung der Erscheinungen der Chemie auf verhältnismäßig wenige einfache Grundgesetze. Daraus ergab sich der Versuch, bei dieser Darstellung von der kleinsten stofflichen Einheit — dem Atom — auszugehen und bis zum Makromolekül der Eiweißstoffe vorzudringen, und hierbei auf die inneren Zusammenhänge der vielfältigen Erscheinungen hinzuweisen. Diese Art der Einführung in die Chemie machte es notwendig, neben der Darstellung von Formel und Versuchsvorschrift den erläuternden — die Grundlagen behandelnden — Text stärker hervortreten zu lassen, als das sonst in Praktikumsbüchern dieser Art der Fall ist.

Die vorliegende neue Praktikumsanleitung beruht auf mehrjähriger Erfahrung in der Leitung des Medizinerpraktikums in Heidelberg; es versteht sich von selbst, daß ich auch die Darstellungen und die Stoffauswahl anderer Autoren zu Rate gezogen habe. Die benutzten Werke sind in einem besonderen Literaturverzeichnis zusammengestellt. Namentlich danken möchte ich hier Herrn Prof. K. Dimroth, der durch Vermittlung des Verlages Unterlagen über das in Marburg durchgeführte Medizinerpraktikum zur Verfügung gestellt hat.

Besonderen Dank schulde ich Herrn Prof. Georg Wittig für zahlreiche Anregungen und sein großes Interesse. Meiner verehrten Lehrerin, Frau Prof. Margot Becke, danke ich für fruchtbare Diskussionen und die Durchsicht des Manuskriptes. Zu danken habe ich ebenso Herrn Prof. Helmut Zahn für die Ausarbeitung der papierchromatographischen Trennung der Aminosauren, sowie Herrn Prof. FRITZ CRAMER für die Beratung bei der Abfassung des Abschnittes über Papierchromatographie. Die Entwürfe der Abbildungen fertigte Herr Dipl.-Chem. E. GUTH an. Beim Lesen der Korrekturen und der Anfertigung des Registers war mir meine liebe Frau behilflich; ihr sei auch an dieser Stelle herzlich gedankt. Auch dem Springer-Verlag, der mich mit der Abfassung der Anleitung betraut hat, habe ich für bereitwilliges Eingehen auf zahlreiche Wünsche und für gute Zusammenarbeit zu danken.

Für Anregungen und kritische Äußerungen von seiten der Fachkollegen, die bei einer Neuauflage zu berücksichtigen wären, werde ich dankbar sein.

Heidelberg, im Mai 1959 ROLF APPEL

Inhaltsverzeichnis

Allgemeiner Teil

Quantitativer Teil

ALLGEMEINER TEIL

Kapitel I

Atombau — Periodensystem — Verbindungsbildung — Wertigkeitsbegriffe — Elektrolytische Dissoziation

Die Kenntnis von der Natur der chemischen Bindung ist die Voraussetzung für das Verständnis der chemischen Stoffumwandlungen. Sie erfordert eine Vorstellung von dem Bau und der Beschaffenheit der Atome, den kleinsten Teilchen der Materie, die noch die Qualitäten eines Grundstoffes zeigen.

Atombau

Bestandteile des Atoms sind der positiv geladene Atomkern und die negativ geladene Atomhülle. Während die Atomhülle aus den Elementarteilchen der negativen Elektrizität, den Elektronen besteht, bauen die positiven Protonen zusammen mit den Neutronen den Atomkern auf. Obwohl der Durchmesser des Atomkerns nur etwa 10^{-13} cm beträgt, ist in ihm fast die gesamte Masse des Atoms vereinigt. Dagegen besitzt das Elektron nur 1/1840 der Masse des Wasserstoffatoms. Bei jedem neutralen, d. h. ungeladenen Atom ist die Zahl der im Kern vereinten Protonen gleich der Zahl der in der Hülle befindlichen Elektronen.

Ein anschauliches Bild vom Atom vermittelt das Bohrsche Atommodell. Hiernach umlaufen die Elektronen den in Ruhe befindlichen Kern auf Kreisbahnen. Die an den Elektronen wirksamen Zentrifugalkräfte verhindern dabei, daß die Elektronen infolge der elektrostatischen Anziehungskräfte in den Kern fallen. Dennoch wäre diese Anordnung nicht stabil — die umlaufenden Elektronen müßten ständig Energie abstrahlen und dadurch auf einer langsam sich verengenden Spiralbahn in den Kern fallen —, wenn nicht bestimmte Bahnen ausgezeichnet wären, auf denen der Umlauf ohne Energieabgabe erfolgt. Die Elektronen umkreisen den Kern daher nicht in kontinuierlichen regellosen Abständen, sondern nur innerhalb ganz bestimmter räumlicher „Elektronenschalen". Es gibt 7 Schalen, sie werden mit arabischen Zahlen oder großen Buchstaben bezeichnet; der Zahlenfolge 1, 2, 3, 4, 5 ... entspricht dabei die Buchstabenfolge K, L, M, N, O ... Jede Schale vermag nur eine bestimmte Zahl von Elektronen aufzunehmen, die inneren weniger als die äußeren. Im Maximum vermag jede Schale $2 \cdot n^2$ (n = Nummer der Schale) Elektronen aufzunehmen, die K-Schale ($n = 1$) ist demnach nach Einbau von 2 Elektronen, die L-Schale ($n = 2$) entsprechend nach Einbau von 8 Elektronen gesättigt.

Die einzelnen Atome der rund 100 bekannten Elemente unterscheiden sich durch ihre verschiedene Kernladungszahl (= Zahl der Protonen im Kern). Das einfachste Atom ist Wasserstoff mit der Kernladungszahl 1, es folgen die Elemente Helium und Lithium

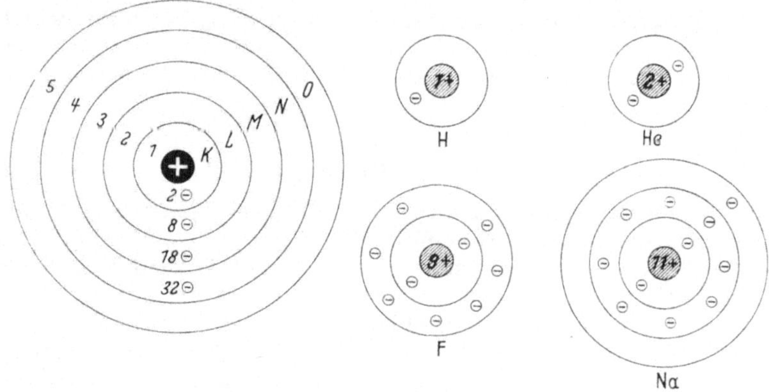

Abb. 1. Schalenmodell einiger Atome

mit den Kernladungszahlen 2 und 3. Nach dem Gesetz der maximalen Schalenbesetzung ist die 1. Schale bereits beim Helium aufgefüllt, folglich findet beim Lithium das neuhinzukommende 3. Elektron auf der K-Schale keinen Platz mehr, es wird auf der zweiten Schale untergebracht. Bei den nachfolgenden Elementen Beryllium bis Neon dienen die neuhinzukommenden Elektronen der Auffüllung der L-Schale, bis beim Natrium mit der Ordnungszahl 11 wiederum eine neue Schale, die Dritte begonnen wird. Der Aufbau der dritten Elektronenschale erfolgt in der gleichen Weise bis zum Element 18, dem Edelgas Argon. Dann allerdings wird beim nachfolgenden Kalium schon mit der Besetzung der 4. Schale begonnen, obwohl die maximale Besetzung der 3. Schale mit 18 Elektronen noch nicht erreicht ist. Diese Auffüllung der (inneren) Schale erfolgt erst nach dem folgenden Element, dem Calcium, bei den „Übergangselementen" Scandium bis Zink. Ähnliche Erscheinungen beobachtet man auch bei den höheren Elementen. Näheres hierzu siehe in den Lehrbüchern der Anorganischen Chemie.

Periodensystem

Ordnet man die Elemente in einer Reihe nach steigender Kernladungs- und Elektronenzahl derart an, daß die Reihe bei jedem Element mit kompletter Elektronenschale — jeweils einem Edelgas — abgebrochen und diese, den einzelnen Schalen entsprechenden „Perioden“ in der auf S. 130 abgebildeten Anordnung untereinandergeschrieben werden, so wird das Periodensystem der Elemente erhalten. Auf Grund der Gesetzmäßigkeit des Schalenaufbaues kommen in den 8 Hauptgruppen jeweils Elemente untereinander zu stehen, die in ihrer äußeren Schale die gleiche Anzahl

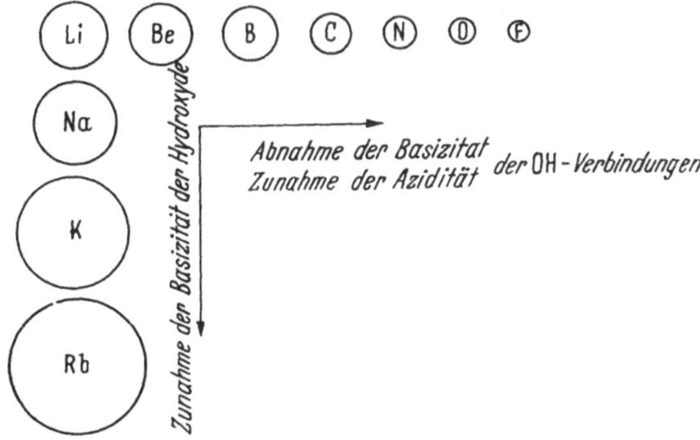

Abb. 2. Relative Atomradien innerhalb der ersten Gruppe und der ersten Reihe des Periodensystems

von Elektronen besitzen. Diese äußersten Elektronen sind am lockersten gebunden, sie treten bei der chemischen Verbindungsbildung besonders leicht mit den Elektronen anderer Atome in Wechselwirkung und werden daher auch Valenzelektronen genannt. Die gleiche Zahl von Valenzelektronen bedingt die große Ähnlichkeit der in den Gruppen untereinanderstehenden Elemente. In den Nebengruppen stehen alle die Elemente, bei denen die neuhinzukommenden Elektronen auf noch unbesetzten inneren Schalen untergebracht werden. Innerhalb einer Periode nimmt die Große der Atome von links nach rechts ab. Diese Kontraktion beruht auf der stärkeren Anziehung der negativen Elektronenhülle durch die höhere Kernladung. Dagegen nimmt der Atomradius der Elemente (Durchmesser in der Größenordnung 10^{-8} cm) in den senkrechten Gruppen von oben nach unten zu, da bei jedem darunterstehenden Element eine neue Schale begonnen wird.

Die Elemente lassen sich in die beiden großen Gruppen: Metalle und Nichtmetalle einteilen. Jedoch ist diese Einteilung nicht scharf, eine Reihe von Elementen wie Bor, Kohlenstoff, Silicium, Arsen, Antimon, Selen und Tellur zeigen sowohl metallische als auch nichtmetallische Eigenschaften.

Metalle

Beispiele: Natrium, Calcium, Aluminium, Arsen, Kupfer, Zink, Silber, Eisen.

Allgemeine Merkmale: Alle Metalle sind gute Leiter des elektrischen Stromes. Sie zeigen dabei keine Zersetzungserscheinungen. Der Siedepunkt liegt hoch. Mit Ausnahme des Quecksilbers sind alle Metalle bei Raumtemperatur feste Stoffe. Sie sind unlöslich in Wasser und organischen Lösungsmitteln. Bei der Verbrennung entstehen nichtflüchtige, feste Oxyde.

„Unedle" Metalle lösen sich in Säuren unter Wasserstoffentwicklung auf, Edelmetalle (Silber, Gold, Platin usw.) dagegen nicht.

Versuch Nr. 1

Zum Erhitzen im Labor verwendet man Gasflammen, dazu dient der zuerst von ROBERT BUNSEN konstruierte Brenner. Er enthalt eine Duse, aus der das Gas austritt und eine Vorrichtung, mit der Luft in verschiedener Menge in das Brennerrohr eingelassen werden kann. Die Temperatur der Flamme laßt sich durch Luftzufuhr regeln. Bei ungenugendem Luftzutritt leuchtet die Flamme, da das Methan des Stadtgases (Hauptbestandteile: Wasserstoff, Methan und Kohlenmonoxyd-CO ist giftig!) nach

$$CH_4 + O_2 \rightarrow C + 2\,H_2O$$

nur unvollstandig verbrennt. Der Kohlenstoff bringt die Flamme zum Leuchten, er laßt sich als Ruß an einer kalten, in die Flamme gehaltenen, Porzellanschale abscheiden. Bei genugender Luftzufuhr verschwindet das Leuchten, die Flamme wird infolge der vollstandigen Verbrennung sehr heiß. Der innere hellblaue Kegel ist die Verbrennungszone des Kohlenmonoxyds.

Ein längerer Eisen- und Kupferdraht wird einige Minuten lang in die heiße Flamme des Bunsenbrenners gehalten. Das Eisen wird rotglühend, aber keines der Metalle verdampft. An welcher Stelle der Flammenzone kommt der Eisendraht am schnellsten zum Glühen?

Versuch Nr. 2

Ein etwa 5 cm langer Streifen Magnesiumband wird in einer Porzellanschale angezündet. Das Metall verbrennt mit heller Flamme zum weißen, festen Oxyd. Nicht in die Flamme schauen!

Gib die Verbrennungsgleichung an.

Versuch Nr. 3

Im Reagensglas werden einige Aluminiumspäne, (Eisenspäne) jeweils mit wenig Wasser, Äthylalkohol und Tetrachlorkohlenstoff übergossen. In keinem der Lösungsmittel tritt Auflösung ein.

Versuch Nr. 4

Im Reagensglas werden zuerst wenig Eisenspäne, dann Kupferspäne mit 2—3 ml verdünnter Schwefelsäure übergossen*. Eisen löst sich unter Gasentwicklung auf, während Kupfer nicht angegriffen wird.

Nichtmetalle

Beispiele: Kohlenstoff, Stickstoff, Phosphor, Sauerstoff, Schwefel, die Halogene: Fluor, Chlor, Brom, Jod.

Allgemeine Merkmale: Der elektrische Strom wird nicht geleitet. Einige der nichtmetallischen Elemente sind bei Raumtemperatur Gase. Sie haben meist tiefe Schmelz- und Siedepunkte. Nichtmetalle sind vielfach in Wasser und organischen Lösungsmitteln löslich. Mit Sauerstoff bilden sie leicht flüchtige Oxyde.

Versuch Nr. 5

Man löse jeweils 2—3 Jodkriställchen in einigen Millilitern Wasser, Alkohol und Chloroform. Die wäßrige (alkoholische) Lösung ist braun gefärbt, die Lösung in Chloroform ist violett. In den violetten Lösungen liegen freie J_2-Moleküle vor, in den braunen Losungen hat sich das Jod dagegen an Lösungsmittelmoleküle angelagert, z. B. als $C_2H_5OH \cdot J_2$. In Wasser ist Jod nur wenig löslich. Die Löslichkeit läßt sich durch Zusatz von Kaliumjodid beträchtlich erhöhen, hierbei bildet sich Kaliumtrijodid, $KJ \cdot J_2$.

Eine 10%ige alkoholische Jodlösung (Jodtinktur) findet als Antiseptikum Verwendung.

Versuch Nr. 6

Eine kleine Spatelspitze Jod wird im trockenen Reagensglas erhitzt. Der Gasraum färbt sich violett, da Jod leicht verdampft.

---

* Bei allen Experimenten mit Schwefelsaure nehme man nur die ausstehende verdunnte Säure. Die Verwendung von konz. Schwefelsaure ist besonders vermerkt. Konz. H_2SO_4 ist gefährlich, da sie fast alle organischen Stoffe unter Verkohlung zerstört! Soll die konz. Saure mit Wasser verdunnt werden, so muß die konz. H_2SO_4 in das Wasser eingegossen werden. Man darf niemals umgekehrt verfahren, da das Wasser sonst explosionsartig verdampft.

Es geht dabei meist direkt aus dem festen Zustand in den Gaszustand über, ohne daß es vorher flüssig wird. An den kälteren Teilen des Reagensglases schlägt sich das Jod in fester Form wieder nieder. Die direkte Phasenänderung von fest nach gasförmig unter Ausschaltung des flüssigen Zustandes wird als *Sublimation* bezeichnet.

Versuch Nr. 7

Auf der Spatelspitze wird etwas gepulverter Schwefel in die Flamme gebracht. Er verbrennt mit blauer Flamme, wobei farbloses, gasformiges Schwefeldioxyd entsteht. Das Gas riecht stechend.

$$S + O_2 \rightarrow SO_2$$

Die Reaktionsgleichung erlaubt nicht nur eine qualitative Aussage, sie besagt zugleich, daß 1 Grammatom Schwefel (32,07 g) mit 1 Grammolekül = 1 Mol (32 g) Sauerstoff zu 1 Mol (64,07 g) Schwefeldioxyd reagieren. Diese 64,07 g SO_2 nehmen unter Normalbedingungen (N. B.), d. h. bei 0° C und 760 mm Quecksilbersäule, einen Raum von 22410 ml (=Molvolumen eines Gases) ein.

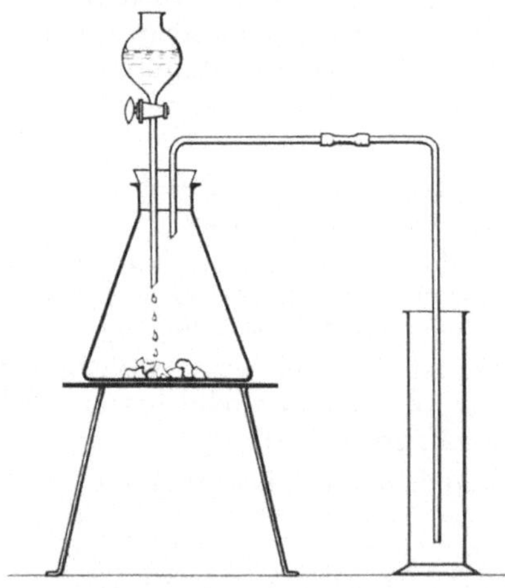

Abb. 3 Apparatur zur Entwicklung von Chlor

Aufgabe Nr. 1

Berechne, wieviel Gramm SO_2 bei der vollständigen Verbrennung von 6,41 g Schwefel gebildet werden. Wieviel Milliliter Gas sind das unter Normalbedingungen?

Versuch Nr. 8

Der Versuch darf wegen der großen Giftigkeit des Chlorgases nur unter dem Abzug aufgebaut werden.

Die in Abb. 3 skizzierte Apparatur wird unter Anleitung des Assistenten jeweils für eine Gruppe aufgebaut. Sie dient zur Entwicklung von Chlorgas. Der Erlenmeyer-Kolben wird mit einigen Spatelspitzen Kaliumpermanganat beschickt, in den Tropftrichter wird konz. Salzsäure eingefüllt. Durch vorsichtiges Zutropfen der Salzsaure läßt sich ein langsamer Chlorstrom erzeugen.

$$16\,HCl + 2\,KMnO_4 \rightarrow 5\,Cl_2\uparrow + 2\,KCl + 2\,MnCl_2 + 8\,H_2O$$

Das Chlor wird in einem stehenden Zylinder oder einem langen Reagensglas aufgefangen. Ist der Zylinder vollständig mit dem grünen Gas angefüllt, so wirft man mit dem Spatel wenig Zinkstaub, bei einem weiteren Versuch einige Körnchen feingepulverten Antimons in den Zylinder hinein. Beide Stoffe vereinigen sich unter Feuererscheinung.

$$Zn + Cl_2 \rightarrow ZnCl_2$$

$$2\,Sb + 3\,Cl_2 \rightarrow 2\,SbCl_3$$

Chemische Verbindungsbildung

Von den natürlich vorkommenden Elementen liegen nur die Edelgase als atomare Gase vor. Sie verdanken ihre Stabilität und damit chemische Reaktionsträgheit der abgeschlossenen, voll aufgefüllten äußeren Elektronenschale. Bei wenigen anderen Grundstoffen vereinigen sich die Atome zu Element-Molekülen wie z. B. H_2, O_2, N_2. Zumeist treten jedoch Atome verschiedenartiger Elemente miteinander in Wechselwirkung und bilden die Vielzahl der uns umgebenden Stoffe. Die Ursache allen chemischen Geschehens ist dabei die Tendenz der Atome, ihre Elektronenkonfiguration auf der äußeren Schale der des nächststehenden Edelgases anzugleichen. Mit Ausnahme des Heliums besitzen alle Edelgase 8 Elektronen auf der äußersten Schale, man kann daher auch sagen: für die Verbindungsbildung bei den Elementen ist das Anstreben des stabilen „Elektronenoktetts“ entscheidend.

Heteropolare Bindung. Die einfachste Art der Stabilisierung der Elektronenhülle beobachtet man bei der Reaktion zwischen Metallen und Nichtmetallen (Vers. Nr. 2 u. 8). Sie beruht auf der Elektronenaufnahme oder -abgabe durch das Atom. Bei der Vereinigung von Natrium mit Chlor gibt das Metall sein äußerstes Elektron an das Nichtmetall ab. Durch diesen Prozeß entstehen elektrisch geladene Atome oder Ionen. Das einfach positiv geladene Natrium-Ion hat nur 10 Elektronen und ist isoelektronisch mit dem Neon, während das einfach negativ geladene Chlor-Ion mit der Kernladungszahl 17 nun 18 Elektronen besitzt und mit dem Argon isoelektronisch ist.

$${}_{11}Na \rightarrow {}_{11}Na^+ + e \quad \text{und} \quad {}_{17}Cl + e \rightarrow {}_{17}Cl^-$$

Die entstehenden Ionen ziehen sich auf Grund ihrer entgegengesetzten elektrischen Ladungen an und bilden ein Salz. Dabei führt die kugelsymmetrische Ausstrahlung der elektrostatischen Kräfte zur Kondensation und Kristallisation des Salzdampfes in einem geordneten, regelmäßigen Ionengitter (Abb. 4).

Die Ionenbindung ist also elektrostatischer Natur. Die Größe dieser Bindekraft ist durch das Coulombsche Gesetz bestimmt.

$$\text{Kraft} = \frac{e_1 \cdot e_2}{r^2 \cdot D}$$

e_1, e_2 = Ladungen
r = Abstand der Ladungen
D = Dielektrizitätskonstante

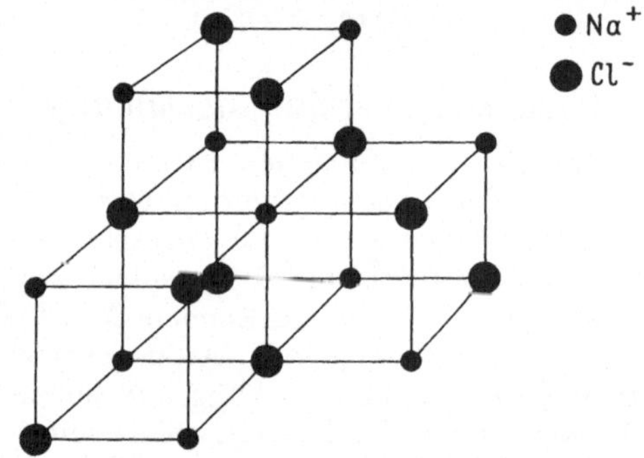

Abb. 4. Ausschnitt aus dem Kochsalz-Gitter

Homöopolare Bindung oder Atombindung. Eine Stabilisierung durch Elektronenübertragung ist nur zwischen metallischen und nichtmetallischen Elementen möglich. Atome von Nichtmetallelementen erreichen das stabile Elektronenoktett, indem sich jeweils 2, 4 oder 6 Valenzelektronen von 2 Atomen zu Elektronenpaaren Dubletts anordnen, an denen nun beide Atome anteilig sind. Dieser Vorgang führt zu einer direkten Verknüpfung der Atome. Die Art der Bindung wird homöopolare oder Atombindung genannt. Sie ist im Gegensatz zur Ionenbindung gerichtet.

$$:\underset{\cdot\cdot}{\ddot{Cl}}\cdot + \cdot\underset{\cdot\cdot}{\ddot{Cl}}: \rightarrow :\underset{\cdot\cdot}{\ddot{Cl}}:\underset{\cdot\cdot}{\ddot{Cl}}: \qquad |\overline{\underline{Cl}}-\overline{\underline{Cl}}|$$

$$:\underset{\cdot\cdot}{\dot{O}}\cdot + \cdot\underset{\cdot\cdot}{\dot{O}}: \rightarrow \underset{\cdot\cdot}{\ddot{O}}:\,:\underset{\cdot\cdot}{\ddot{O}} \qquad \overline{\underline{O}}=\overline{\underline{O}}$$

$$:\underset{\cdot}{\dot{N}}\cdot + \cdot\underset{\cdot}{\dot{N}}: \rightarrow :N:::N: \qquad |N\equiv N|$$

Im Cl_2-Molekül ist so jedes Cl-Atom durch die Einfachbindung, im O_2-Molekül jedes O-Atom durch die Doppelbindung und im N_2-Molekül jedes Stickstoff-Atom durch die Dreifachbindung von 8 Elektronen umgeben. Eine Ausnahme von dieser Oktettregel bildet lediglich das Wasserstoffmolekül H_2, dessen Elektronenzahl nur 2 beträgt. Diese Anordnung weist das Helium-Atom auf, sie ist ebenfalls stabil.

Da die Schreibweise der Atombindung mit Hilfe von Elektronenpunkten umständlich und wenig übersichtlich ist, vereinfacht der Chemiker die Elektronenformeln homöopolarer Verbindungen, indem er für jedes Dublett einen Valenzstrich setzt. Noch einfacher wird das Formelbild durch Fortlassen der einsamen Elektronenpaare. Dabei werden Valenzstriche nur für die tatsächlich bindenden Elektronendubletts gesetzt.

Polare Atombindung. Reine homöopolare Bindungen liegen stets nur zwischen gleichartigen Atomen vor. Sind in einem Molekül verschiedene Atome, wie z. B. im H_2O, NH_3, CH_4 oder SO_2 miteinander verbunden, so befinden sich die bindenden Elektronen im Zeitmittel nicht genau in der Mitte des Atomabstandes. Auf Grund der verschiedenen Neigung der Elemente, Elektronen an sich zu ziehen, sitzen die Bindungselektronen immer näher an dem Atom mit der größeren Elektronenaffinität. Dadurch treten Polaritäten auf, die sich der Atombindung überlagern. Nach dem Fluor ist der Sauerstoff das Element mit der größten Elektronenaffinität. Soll die Polarität einer Atombindung zum Ausdruck gebracht werden, so kann dies mit einem an der einen Seite verdickten Valenzstrich geschehen:

$$H \blacktriangleleft O \blacktriangleright H$$

Aufgabe Nr. 2

Aus welchen Ionen sind die Salze LiCl, KF, CaS, $MgBr_2$*, sowie die Oxyde CaO und MgO aufgebaut? Zeichne Valenzstrichformeln für die Verbindungen HCl,* NH_3*,* CH_4*,* C_2H_6*,* C_3H_8*,* C_2H_4*,* C_2H_2*, CO,* CO_2*,* SO_2*,* SO_3*,* Cl_2O*; zunächst mit, dann ohne einsame Elektronenpaare.*

Chemische Wertigkeitsbegriffe

Stöchiometrische Wertigkeit. Der Wertigkeitsbegriff der stöchiometrischen Wertigkeit läßt sich anwenden auf alle binären Verbindungen. Wir verstehen hierunter die Zahl, die angibt, wieviele als einwertig erkannte Atome ein Atom des betrachteten Elements zu binden vermag. Bezugsgrößen sind der einwertige Wasserstoff und der zweiwertige Sauerstoff. Die stöchiometrische Wertigkeit wird mit römischen Ziffern bezeichnet:

$$\overset{I}{H}\overset{I}{Cl} \quad \overset{II}{Ca}\overset{I}{Cl_2} \quad \overset{II}{Ca}\overset{II}{O} \quad \overset{III}{Al_2}\overset{II}{O_3} \quad \overset{V}{N_2}\overset{II}{O_5} \quad \overset{IV}{C}\overset{I}{H_4}$$

Wie ersichtlich, müssen in der Substanzformel die einzelnen Atome so indiziert sein, daß sich die Wertigkeiten der Elemente ausgleichen. Die stöchiometrische Wertigkeit erlaubt es somit, die Zusammensetzung binärer Verbindungen vorauszusagen. Dieser

Wertigkeitsbegriff läßt sich sowohl bei Ionenverbindungen als auch bei homöopolaren Verbindungen anwenden. Er erlaubt jedoch keine Aussage über die Natur der chemischen Bindung.

Ionenwertigkeit. Auf Ionenverbindungen, wie Salze, Säuren und Basen findet der Begriff der Ionenwertigkeit Anwendung. Sie ist gleich der Ionenladungszahl und wird durch eine hochgestellte arabische Zahl mit dem Vorzeichen der Ladung dahinter bezeichnet. Die Ionenwertigkeit wird auch auf komplexe Molekülionen angewendet.

Beispiele: Na^+Cl^-; $Mg^{2+}O^{2-}$; $Ba^{2+}SO_4^{2-}$. Man sagt: plus 2wertiges Magnesiumion, minus 2wertiges Sauerstoffion und minus 2wertiges Sulfation, oder auch: zweifach positives bzw. zweifach negatives — Ion.

Bindigkeit. Bei den homöopolaren Verbindungen wendet man den Wertigkeitsbegriff der Bindigkeit an. Hierunter ist die Zahl der von einem betrachteten Element ausgehenden Atombindungen zu verstehen. Die Bindigkeit wird sichtbar dargestellt in den Valenzstrich-Formeln. Kohlenstoff ist in fast allen seinen Verbindungen vierbindig, Sauerstoff im H_2O zweibindig, Stickstoff im Ammoniak NH_3, dreibindig.

Oxydationszahl. Recht nützlich für die große Zahl der Oxydations-Reduktionsreaktionen ist der Begriff der Oxydationszahl. Man versteht darunter die durch Vorzeichen und Zahl ausgedrückte Ladung, die ein Atom in einer homöopolaren Verbindung besäße, wenn das betreffende Molekül aus lauter Ionen aufgebaut wäre. Die Oxydationszahl wird durch eine arabische Ziffer mit dem Vorzeichen davor über dem betrachteten Atom angegeben. Man findet die Oxydationszahl, indem den Beziehungsgrößen Sauerstoff die Oxydationszahl — 2, Fluor die Oxydationszahl — 1, Wasserstoff die Oxydationszahl + 1 (mit Ausnahme der Metallhydride) erteilt wird und man darauf achtet, daß die Summe der Oxydationszahlen gleich der Ladung des Systems sein muß. Bei neutralen Molekülen ist die Ladung des Systems = 0, bei komplexen Ionen gleich der Ionenladung. Einige Beispiele mögen zur Erläuterung beitragen:

$$\overset{+4}{S}O_2,\ H\overset{+4}{S}O_3^-,\ \overset{+4}{N}O_2,\ \overset{+5}{N}O_3^-,\ H_3\overset{+1}{P}O_2,\ \overset{+1}{N}_2O$$

Zur Erläuterung der drei Wertigkeitsbegriffe diene das Ammonium-Ion, es trägt die Ionenwertigkeit 1+, das Stickstoffatom ist darin vierbindig, die Oxydationszahl des N-Atoms beträgt —3.

$$\left[\begin{array}{ccc} & H & \\ & | & \\ H— & N & —H \\ & | & \\ & H & \end{array}\right]^+$$

Aufgabe Nr. 3

Stelle die stöchiometrischen Formeln auf fur folgende Verbindungen: Stickstoff(III)-oxyd; Eisen(II)-und-(III)-sulfid, Arsen-(V)-oxyd.

Aufgabe Nr. 4

Bestimme die Oxydationszahl von Schwefel, Phosphor, Chlor und Mangan in folgenden Verbindungen: H_2S, SO_3, SO_4^{2-}, H_3PO_3, $P_2O_7^{4-}$, $HOCl$, ClO_2, $HClO_3$, MnO_2, $KMnO_4$.

Elektrolytische Dissoziation

(Das in Abb. 5 skizzierte Experiment über die elektrolytische Leitfähigkeit verschiedener Stoffgruppen wird zweckmäßig in der Einführungsvorlesung demonstriert.) Zwei in ein Becherglas eintauchende Kohleelektroden sind uber einen Strommesser *A* und Schiebewiderstand *R* mit den Polen einer Gleichstromquelle verbunden. Nacheinander werden in das Becherglas folgende Lösungen eingefüllt: dest. Wasser, Alkohol, Chloroform, wäßrige Harnstofflösung. Nach Einschalten des Stromkreises bleibt das Instrument stromlos. Werden jetzt nacheinander Quecksilber sowie wäßrige Lösungen von Kochsalz, Salzsäure und Natronlauge auf ihre Leitfähigkeit geprüft, so ist in allen Fällen eine deutliche Leitfähigkeit festzustellen. Bei den wäßrigen Lösungen wird außerdem eine Gasentwicklung an den Elektroden beobachtet.

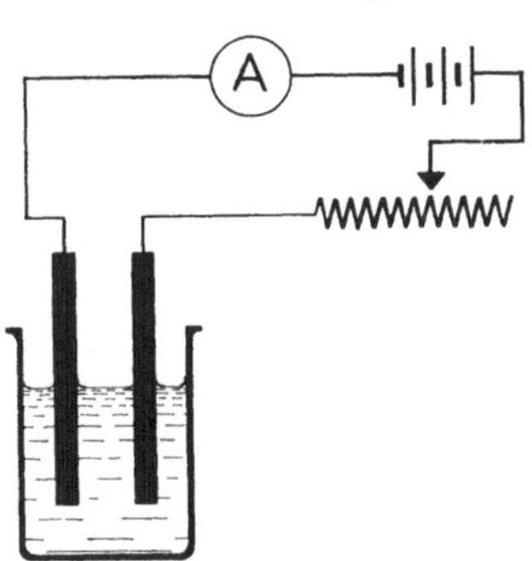

Abb 5 Elektrolytische Leitfähigkeit

Um diese Beobachtungen zu verstehen, muß man sich daran erinnern, daß die Fortleitung des elektrischen Stromes an leichtbewegliche Elektronen oder an bewegliche geladene Teilchen gebunden ist. Das Fehlen der Leitfähigkeit bei dest. Wasser, der wäßrigen Harnstofflösung, Alkohol und Chloroform ist darauf zurückzuführen, daß es sich bei diesen Stoffen um Molekülverbindungen handelt, in denen die Valenzelektronen in den Elektronendubletts festgelegt und die Moleküle elektrisch neutral sind. Daß Quecksilber, wie alle Metalle, den elektrischen Strom leitet, erklärt sich aus der Besonderheit der metallischen Bindung. Alle Metalle besitzen nur eine kleine Zahl von Valenzelektronen, so daß eine

Kombination mehrere Atome unter Ausbildung von Elektronenoktetts für alle in Bindung stehenden Atome nicht möglich ist. Metallatome stabilisieren sich, indem sie ein sehr dichtgepacktes Gitter bilden und ein Teil der Valenzelektronen sich zu einem, allen Atomen gemeinsamen, „Elektronengas" vereinigt. Es liegen demnach im Metallgitter extrem delokalisierte Bindungen mit leicht beweglichen Elektronen vor.

Zum Verständnis der Leitfähigkeit wäßriger Salzlösungen betrachte das Ionengitter des Kochsalzkristalls auf S. 8. Im festen Kristall werden die Ionen durch die elektrostatischen Kräfte zusammengehalten. Der Lösungsvorgang in Wasser beruht auf der Verkleinerung der elektrostatischen Gitterkräfte durch die hohe Dielektrizitätskonstante des Wassers, $D = 81$. Dadurch werden die Anziehungskräfte zwischen den entgegengesetzt geladenen Ionen auf 1/81 verkleinert. Hinzukommt, daß sich einzelne Wassermoleküle an die Ionen anlagern und sie mit einer Wasserhülle oder „Hydrathülle" umgeben. Dieser Vorgang der Hydratisierung liefert Energie, er hilft mit, die im Kristall wirksamen Gitterkräfte zu überwinden. Beide Vorgänge führen zur Ablösung der Ionen, so daß das Gitter zerfällt und die Ionen als von Wassermolekülen umhüllte Teilchen in der Lösung frei herumschwimmen. Dieser beim Lösen eines Salzes eintretende Zerfall in freibewegliche Ionen wird als *elektrolytische Dissoziation* bezeichnet.

Das Leitvermögen der Lösungen kommt dadurch zustande, daß die Ionen von den entgegengesetzt geladenen Elektroden angezogen werden. Die negativ geladenen Ionen wandern an den positiven Pol, die Anode (daher Anionen). Entsprechend wandern die positiven Ionen an den negativen Pol, die Kathode, sie werden Kationen genannt. An den Elektroden verlieren die Ionen ihre Ladung, sie werden dort als ungeladene Teilchen abgeschieden (Ag, Cu, H_2, Cl_2). Sind die ungeladenen Teilchen für sich nicht stabil, wie z. B. SO_4, so erfolgen Sekundärreaktionen mit dem Elektrodenmaterial oder dem Lösungsmittel. Im Gegensatz zu der metallischen Leitfähigkeit ist das elektrolytische Leitvermögen stets mit einem Stofftransport verbunden.

Versuch Nr. 9

Erhitze in einem schwer schmelzbaren Reagensglas etwas Kupfersulfat, bis das Salz seine blaue Farbe verloren hat und ein weißes Pulver zurückbleibt. Hierbei wird das Kristallwasser nach

$$CuSO_4 \cdot 5H_2O \rightarrow CuSO_4 + 5H_2O$$

ausgetrieben. Beim Zugeben von Wasser wird die Lösung wieder blau, da das hydratisierte Cu^{2+}-Ion blau gefärbt ist.

Richtig müßte die Dissoziationsgleichung lauten:

$$CuSO_4 + H_2O \rightarrow [Cu(H_2O)_n]^{2+} + SO_4^{2-}.$$

Zur Vereinfachung der Schreibweise läßt man die Wassermoleküle der Hydrathülle bei den Dissoziationsgleichungen gewöhnlich fort und schreibt:

$$CuSO_4 \rightarrow Cu^{2+} + SO_4^{2-}.$$

Aufgabe Nr. 5

Schreibe Dissoziationsgleichungen für folgende Salze: NaCl, KNO_3, *KBr*, $CaCl_2$, $(NH_4)_2SO_4$, $Fe_2(SO_4)_3$.

Versuch Nr. 10

Die Dissoziation eines Salzes in freibewegliche Ionen läßt sich nachweisen, indem einmal Kationen, dann die Anionen in schwerlösliche Bindungsformen überführt werden, während der andere Partner des Salzpaares frei in Lösung bleibt. Solcher Fällungsreaktionen bedient man sich beim analytischen Nachweis einzelner Ionen.

Eine Spatelspitze Kaliumsulfat wird in einigen ml Wasser gelöst. Darauf versetzt man die Lösung mit einigen Tropfen Bariumchlorid-Lösung. Es entsteht ein Niederschlag von Bariumsulfat, der beim Ansäuren mit verdünnter Salzsäure nicht in Lösung geht.

$$K_2SO_4 + BaCl_2 \rightarrow BaSO_4\downarrow + 2KCl,$$

richtiger in der Ionenschreibweise:

$$2K^+ + SO_4^{2-} + Ba^{2+} + 2Cl^- \rightarrow BaSO_4\downarrow + 2K^+ + 2Cl^-$$

oder noch einfacher, da K^+ und Cl^- in Lösung bleiben und das Wesentliche dieser Umsetzung die Ausfallung des schwerlöslichen Bariumsulfats ist:

$$Ba^{2+} + SO_4^{2-} \rightarrow BaSO_4\downarrow.$$

Diese Reaktion dient zum Nachweis des Sulfations. Bariumsulfat ist schwer löslich, es wird in der Röntgendiagnostik als Kontrastbrei verwendet. Barium-Ionen sind sehr giftig; was wäre bei einer Vergiftung mit Barium-Ionen zu tun?

Versuch Nr. 11

Die Kalium-Ionen in der Lösung des Kaliumsulfats lassen sich wie folgt nachweisen. Füge zu der K_2SO_4-Lösung einige Tropfen verdünnte Überchlorsäure. Es fallt schwerlösliches Kaliumperchlorat aus. Der Niederschlag wird abfiltriert und etwas davon an einem Magnesiastäbchen in die Flamme gebracht. Kalium färbt die Flamme violett.

$$2K^+ + SO_4^{2-} + 2H^+ + 2ClO_4^- \rightarrow 2KClO_4\downarrow + 2H^+ + SO_4^{2-}.$$

Versuch Nr. 12

Man löse einige Alaunkristalle, $KAl(SO_4)_2 \cdot 12H_2O$, in wenigen ml Wasser und weise Kalium- und Sulfat-Ionen nach. Formuliere die Ionengleichungen. Das Al^{3+}-ion wird durch Zusatz von wenig Ammoniakwasser nachgewiesen. Hierbei fällt schwerlösliches Aluminiumhydroxyd, $Al(OH)_3$.

Kapitel II

Das chemische Gleichgewicht — Massenwirkungsgesetz — Die elektrolytische Dissoziation als Gleichgewichtsreaktion — Wasser als Lösungsmittel

Das chemische Gleichgewicht

Langst nicht alle chemischen Reaktionen verlaufen so quantitativ wie die Fällung des Bariumsulfats (Vers. 10). Zum näheren Verständnis der bei unvollständigem Reaktionsablauf geltenden Gesetze soll die in der homogenen Gasphase verlaufende Bildung von Jodwasserstoff, HJ, aus den Elementen J_2 und H_2 betrachtet werden. Das in Abb. 6 skizzierte Experiment wird in der Einführungsvorlesung demonstriert.

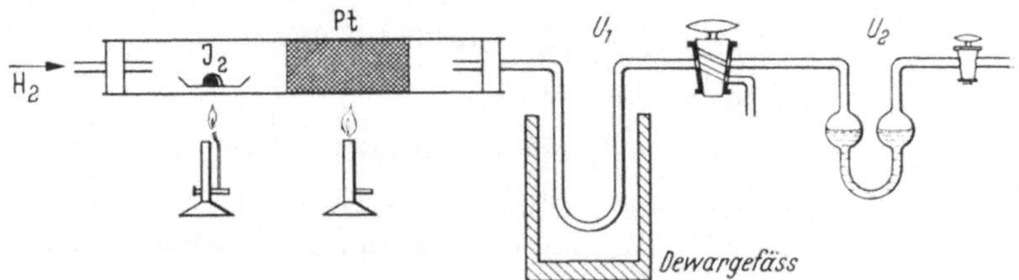

Abb. 6. Darstellung von Jodwasserstoff aus den Elementen

Nachdem die in der Apparatur befindliche Luft vollständig von durchströmendem Wasserstoffgas verdrängt ist, wird mit der Sparflamme wenig Jod zum Verdampfen gebracht. Darauf wird der Platinnetz-Kontakt mit dem Bunsenbrenner auf etwa 300° erwärmt. Es bildet sich Jodwasserstoffgas nach

$$H_2 + J_2 \rightarrow 2HJ,$$

das zunächst in dem zweiten U-Rohr mit Wasser aufgefangen und darauf in U_1 mit Hilfe flüssiger Luft ausgefroren wird. Sobald alles

Jod verdampft ist, wird der Wasserstoffstrom abgestellt und die Apparatur am rechten Ende verschlossen. Der Platinkontakt wird weiter auf 300° erhitzt. Beim langsamen Entfernen des Kältebades unter U_1 verdampft Jodwasserstoff, der nun in umgekehrter Richtung durch die Apparatur strömt. Dabei zerfällt er am Platinkontakt teilweise wieder in die Elemente nach

$$2HJ \rightarrow H_2 + J_2 .$$

Das Jod ist deutlich an der violetten Färbung des Gasraumes hinter dem Kontakt zu erkennen. Wasserstoff läßt sich durch seine Verbrennung zu Wasser nachweisen.

Wie dieser Versuch zeigt, reagieren Wasserstoff und Jod unter den gewählten Bedingungen zu Jodwasserstoff, gleichzeitig zerfällt aber Jodwasserstoff teilweise unter den gleichen Bedingungen auch wieder in die Elemente. Hin- und Rückreaktion laufen also gleichzeitig nebeneinander ab, so daß wir beide Reaktionen in einer Gleichung zusammenfassen konnen.

$$H_2 + J_2 \rightleftharpoons 2HJ .$$

Aus dem Experiment folgt weiter, daß ein aquimolares Gemisch von Jod und Wasserstoff bei der gewählten Temperatur nicht quantitativ in Jodwasserstoff überführt werden kann, da gleichzeitig ein Teil des Jodwasserstoffes wieder zerfallt. Die Umsetzung führt nur zu einem chemischen Gleichgewicht, bei dem bei einer bestimmten Temperatur alle drei Stoffe H_2, J_2, und HJ in einem bestimmten Verhältnis nebeneinander vorliegen. Die Lage des Gleichgewichts ist von der Temperatur abhängig, nicht aber von dem Katalysator. Katalysatoren beschleunigen nur die Einstellung des Gleichgewichts, ohne aber die Gleichgewichtslage zu ändern.

Massenwirkungsgesetz

Über die quantitativen Zusammenhänge bei chemischen Gleichgewichtsreaktionen gibt das Massenwirkungsgesetz Auskunft. Es läßt sich mit Hilfe der Reaktionsgeschwindigkeit ableiten. Die Geschwindigkeit der Hinreaktion (HJ-Bildung) wird mit v_1 bezeichnet, die der Rückreaktion (HJ-Zerfall) mit v_2.

In den beiden gleichgroßen Reaktionsräumen A und B fliegen die Jod- und Wasserstoffmoleküle frei und regellos umher. Damit beide Stoffe zu Jodwasserstoff reagieren können, muß zunächst eine Wechselwirkung zwischen ihnen eintreten, d. h. es muß ein Jodmolekül mit einem Wasserstoffmolekül zusammenstoßen. Die Reaktionsgeschwindigkeit wird also von der Zahl der Zusammenstöße in der Zeiteinheit abhängen und dieser Zahl direkt proportional sein. Ein Vergleich zwischen den Reaktionsräumen A und B zeigt anschaulich, daß die Zusammenstöße in A viel seltener sein werden als in B mit seiner wesentlich höheren Konzentration an Jod und Wasserstoff. Mathematisch läßt sich diese Abhängigkeit der Reaktionsgeschwindigkeit von der Konzentration der Reaktionspartner durch die Gleichung

$$v_1 = k_1 \cdot c_{H_2} \cdot c_{J_2}$$

ausdrücken. Da nicht jeder Zusammenstoß zwischen einem Jod- und Wasserstoffmolekül erfolgreich verläuft, sondern nur die besonders energiereichen, muß das Produkt der Konzentration

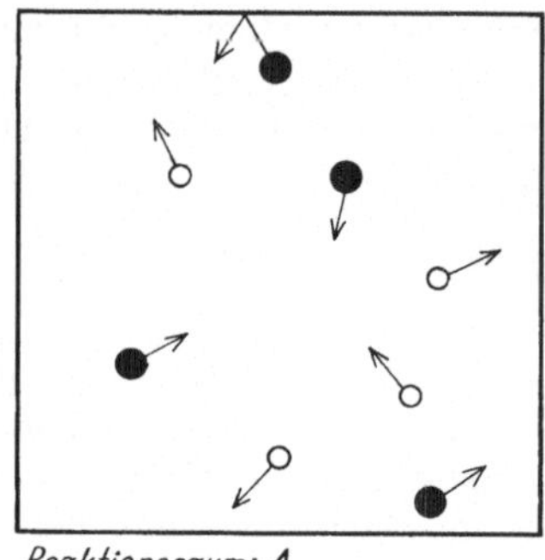

Abb 7. Homogene Reaktionsraume mit verschiedenen Konzentrationen, ○ = H_2-Molekul, ● = J_2-Molekul

noch mit einem Proportionalitätsfaktor multipliziert werden. k_1 gibt gewissermaßen die Stoßausbeute bei der Jod-Wasserstoffbildung für eine bestimmte Temperatur an. Üblicherweise wird die molare Konzentration in der Chemie durch eine eckige Klammer ausgedrückt. $[J_2]$ bedeutet danach Anzahl der Mole J_2 in einem Liter. Setzt man dieses Symbol in obige Gleichung ein, so ergibt sich

$$v_1 = k_1 \cdot [H_2] \cdot [J_2].$$

Fur die Rückreaktion lassen sich die gleichen Überlegungen anstellen. Hierbei muß jedoch beachtet werden, daß sich an dem Zusammenstoß zwei HJ-Moleküle beteiligen, so daß die Zahl der Zusammenstöße direkt proportional dem Produkt der Konzentration an Jodwasserstoff ist. Für die Geschwindigkeit v_2 der Rückreaktion folgt hieraus:

$$v_2 = k_2 \cdot [HJ] \cdot [HJ] = k_2 \cdot [HJ]^2.$$

Beim Start der Reaktion sollen zunächst nur Jod- und Wasserstoffmoleküle nebeneinander vorliegen. Die Geschwindigkeit der Hinreaktion wird daher zunächst groß sein. In dem Maß jedoch, wie Jodwasserstoff entsteht, werden H_2 und J_2 verbraucht. Ihre Konzentrationen sinken, wodurch die Geschwindigkeit der Hinreaktion zunehmend kleiner wird. Umgekehrt liegen zu Beginn der Reaktion keine Jodwasserstoffmoleküle vor. v_2 ist daher zunächst O. Mit der stetig fortschreitenden Bildung des Jodwasserstoffes wächst aber auch die Zerfallsgeschwindigkeit v_2.

Die Geschwindigkeiten der Hin- und Rückreaktion laufen also gegeneinander. Es wird dabei schließlich ein Punkt erreicht, an dem beide gleich sind : $v_1 = v_2$. Dieser Zustand ist dadurch gekennzeichnet, daß in der Zeiteinheit ebenso viele Moleküle Jodwasserstoff gebildet werden, wie andere wieder zu Wasserstoff und Jod zerfallen. In diesem Augenblick hat sich das Gleichgewicht eingestellt. Für den äußeren Betrachter ändert sich von nun an nichts mehr an der prozentualen Zusammensetzung des Systems. Da es keineswegs stets die gleichen einzelnen Moleküle sind, welche nebeneinander im Gleichgewicht vorliegen, sondern Bildung und Zerfall auch im Gleichgewicht weiter erfolgen, spricht man auch von einem dynamischen Gleichgewicht.

Für den Gleichgewichtszustand gilt $v_1 = v_2$. Durch Einsetzen der vorstehend abgeleiteten Ausdrücke für die Reaktionsgeschwindigkeiten erhält man:

$$k_1 \cdot [H_2] \cdot [J_2] = k_2 \cdot [HJ]^2$$

und

$$\frac{[HJ]^2}{[H_2] \cdot [J_2]} = \frac{k_1}{k_2} = K .$$

K wird als Gleichgewichtskonstante bezeichnet.

Diese von GULDBERG und WAAGE abgeleitete Beziehung wird als Massenwirkungsgesetz bezeichnet (MWG). Es besagt, daß bei chemischen Gleichgewichtsreaktionen das Produkt der Konzentrationen der Reaktionsteilnehmer auf der einen Seite dividiert durch das Produkt der Konzentration der Reaktionsprodukte auf der anderen Seite bei einer bestimmten Temperatur stets konstant ist. Nimmt ein Stoff mit mehreren Molekülen an der Umsetzung teil, wie in diesem Beispiel der Jodwasserstoff, so wird der Faktor, mit dem dieser Stoff an der Umsetzung beteiligt ist, in der Schreibweise des MWG in die Potenz erhoben.

Nach dem Massenwirkungsgesetz ist es möglich, durch Erhöhung der Konzentration eines der Ausgangsstoffe auf der linken Seite oder aber durch Wegnahme eines der Reaktionsprodukte das

Gleichgewicht zu storen und auf diese Weise eine weitgehend quantitative Umwandlung eines Stoffes in dem gewünschten Sinne zu erzwingen. Dies ist für die Praxis von großer Bedeutung.

Beispiel für die Berechnung von Gleichgewichtskonstanten: Experimentell wurde festgestellt, daß beim Erhitzen von 2,94 Mol Jod und 8,1 Mol Wasserstoff auf 448° Gleichgewicht vorlag, wenn 5,64 Mol Jodwasserstoff gebildet waren. Nach $H_2 + J_2 \rightleftharpoons 2\,HJ$ folgt, daß aus 1 Mol H_2 und 1 Mol J_2 2 Mole HJ entstehen. Wenn im Gleichgewicht 5,64 Mole HJ gebildet sind, so sind folglich die halbe Molzahl = 2,82 Mole H_2 und J_2 verbraucht worden.

$$\frac{[HJ]^2}{[H_2]\cdot[J_2]} = K = \frac{[5,64]^2}{(8,1 - 2,82)\,(2,94 - 2,82)} = 50.2 = K_{448°}$$

Aufgabe Nr. 6

Schwefeltrioxyd wird in der Technik aus Schwefeldioxyd und Sauerstoff nach $2\,SO_2 + O_2 \rightleftharpoons 2\,SO_3$ *gewonnen. Ammoniak wird aus Stickstoff und Wasserstoff gemäß* $N_2 + 3H_2 \rightleftharpoons 2NH_3$ *hergestellt. Schreibe beide Gleichgewichtsreaktionen in Form des MWG. Überlege wie sich unter Anwendung des MWG eine gegebene Menge des relativ teuren Schwefeldioxyds weitgehend in* SO_3 *überführen läßt. Wie wirkt sich nach dem Gesetz vom kleinsten Zwang (s. die Lehrbücher der Anorganischen Chemie) eine Druckerhöhung auf die Ammoniakausbeute aus?*

Aufgabe Nr. 7

Äthylalkohol und Essigsäure reagieren miteinander unter Wasserabspaltung und Bildung eines Esters nach

$$C_2H_5OH + HOOCCH_3 \rightleftharpoons C_2H_5OCOCH_3 + H_2O.$$

Geht man von je einem Mol Alkohol und Essigsäure aus, so ist das Gleichgewicht erreicht, wenn 2/3 Mol Ester und 2/3 Mol Wasser gebildet sind. Die Alkohol- und Säuremenge ist deshalb im Gleichgewicht = 1—2/3 = 1/3 Mol. Beträgt das Volumen der Reaktionsmischung im Gleichgewicht v l, so ist die molare Konzentration von Ester und Wasser je $\frac{2}{3v}$, *die des Alkohols und der Säure je* $\frac{1}{3v}$.

$$\text{MWG}\ \frac{\frac{2}{3v}\cdot\frac{2}{3v}}{\frac{1}{3v}\cdot\frac{1}{3v}} = 4\,.$$

Es zeigt sich, daß das Volumen der Reaktionsmischung herausfällt, wenn die Anzahl der Moleküle sich bei der Reaktion nicht ändert.

Berechne unter Benutzung der vorstehenden Gleichgewichtskonstante, wieviel Gramm Alkohol, Essigsäure, Ester und Wasser im Gleichgewicht vorliegen, wenn man von 10 g Alkohol und 15 g Essigsäure ausgeht.

Die elektrolytische Dissoziation als Gleichgewichtsreaktion

Die elektrolytische Dissoziation ist eine typische Gleichgewichtsreaktion, bei der sich — wie bei allen Ionenreaktionen — das Gleichgewicht zwischen den Ionen und den undissoziierten Molekülen momentan einstellt. Starke Elektrolyte sind praktisch vollständig dissoziiert, auf sie läßt sich wegen des Fehlens eines meßbaren Gleichgewichts das MWG nicht anwenden. Auf die Lösungen schwacher Elektrolyte ist es dagegen anwendbar. Die Berechnung der Dissoziationskonstante genannten Gleichgewichtskonstante erfolgt mit Hilfe des Dissoziationsgrades α, der sich auf Grund des elektrischen Leitvermögens experimentell ermitteln läßt. Unter dem Dissoziationsgrad wird das Verhältnis der Zahl der dissoziierten Moleküle zu der Gesamtzahl aller Moleküle, also der dissoziierten und der undissoziierten, verstanden.

$$\alpha = \frac{\text{Zahl der dissozierten Molekule}}{\text{Gesamtzahl der Molekule}} .$$

Für einen Elektrolyten AB, der nach dem Schema

$$AB \rightleftharpoons A^+ + B^-$$

in zwei Ionen dissoziiert, gilt nach dem MWG folgende Gleichung:

$$\frac{[A^+] \cdot [B^-]}{[AB]} = K .$$

Beträgt die Gesamtkonzentration des Elektrolyten AB C Mol/Liter und ist der Dissoziationsgrad α, so wird

$$[A^+] = [B^-] = C \cdot \alpha$$

und die Konzentration der undissoziierten Moleküle

$$[AB] = C(1 - \alpha) .$$

Durch Einsetzen dieser Werte in die MWG-Formel erhält man

$$\frac{C \cdot \alpha^2}{1 - \alpha} = K$$

oder, wenn anstelle der molaren Konzentration C das Volumen v in Litern angegeben wird, in welchem 1 Mol des Elektrolyten gelöst ist, also $C = {}^1/_V$ ist,

$$\frac{\alpha^2}{V \cdot (1 - \alpha)} = K .$$

Diese Beziehung wird auch das Ostwaldsche Verdünnungsgesetz genannt. Es besagt, daß die Dissoziation mit der Verdünnung zunimmt.

Versuch Nr. 13

Zu 3 ml Wasser, das mit einem Tropfen Salzsäure versetzt wurde, werden 2 Tropfen Eisen(III)-chlorid und 2 Tropfen Ammoniumrhodanid-Lösung gegeben. Es bildet sich nach

$$FeCl_3 + 3NH_4(SCN) \rightleftharpoons Fe(SCN)_3 + 3NH_4^+ + 3Cl^-$$

tiefrotgefärbtes $Fe(SCN)_3$. Nun wird in einem Becherglas zu der roten Lösung so lange destilliertes Wasser gefügt, bis die Rotfärbung verschwindet und die Lösung nur noch gelb erscheint. Hebe die Lösung für die nächsten Versuche auf.

Erklärung: Beim Verdünnen nimmt die Dissoziation nach

$$Fe(SCN)_3 \rightarrow Fe^{3+} + 3SCN^-$$

zu, bis schließlich vollständige Dissoziation erfolgt und kein rotgefärbtes Eisenrhodanid mehr vorliegt.

Versuch Nr. 14

a) Zu 3 ml der vorstehenden Lösung werden einige ml einer konz. $FeCl_3$-Lösung gefügt. Die Lösung färbt sich wieder rot. Erkläre die Beobachtung mit Hilfe des MWG.

b) Zu weiteren 3 ml der sehr verdünnten Eisenrhodanid-Lösung werden einige ml konz. Ammoniumrhodanid-Lösung gefügt. Die Lösung färbt sich ebenfalls rot. Erklärung nach dem MWG.

Versuch Nr. 15

Zu 2 ml einer Natriumchromat-Losung wird 1 ml verdünnte Schwefelsäure gefügt. Die Farbe der Lösung ändert sich von gelb nach orange, da nach

$$2CrO_4^{2-} + 2H^+ \rightleftharpoons Cr_2O_7^{2-} + H_2O$$

das rote Dichromation, $Cr_2O_7^{2-}$, entsteht. Füge verdünnte Natronlauge zu, bis die Lösung wieder gelb erscheint. Bei erneutem Säurezusatz wird wieder Farbwechsel beobachtet. Gib die Erklärung für diese Erscheinung!

Versuch Nr. 16a

Bei Raumtemperatur werden 2 ml einer verdünnten $FeCl_3$-Lösung mit gleichen Volumenteilen einer verdünnten Natriumthiosulfat-Lösung vermischt. Die Lösung färbt sich vorübergehend violett. Notiere die Zeit bis zum Verschwinden der Färbung.

Versuch Nr. 16b

Jetzt werden gleiche Mengen derselben Lösungen zusammengegeben, die aber vorher im Wasserbad auf etwa 60° erwärmt wurden. Vergleiche die Zerfallszeiten der violetten Zwischenverbindung. Die Reaktionsgeschwindigkeit ist von der Temperatur abhängig. Es gilt die Faustregel, daß sich die Reaktionsgeschwindigkeit bei einer Temperatursteigerung um 10° verdoppelt.

Versuch Nr. 17

Die Reaktionsgeschwindigkeit läßt sich ebenfalls durch Katalysatoren erhöhen. Wiederhole Versuch Nr. 16a, füge aber der $FeCl_3$-Lösung vor dem Vermischen einen Tropfen einer sehr verdünnten Kupfersulfat-Lösung zu. Die Lösung wird sofort entfärbt. Beachte jedoch, daß ein Katalysator an der Lage des Gleichgewichts nichts ändert, da er sowohl die Hin- als auch die Rückreaktion beschleunigt.

Versuch Nr. 18

Biokatalysatoren sind die Enzyme oder Fermente. Sie spielen eine wichtige Rolle bei vielen biologischen Reaktionen. Im Blut und in der Hefe ist das Ferment Katalase enthalten. Es beschleunigt den Zerfall von Wasserstoffperoxyd, H_2O_2. Zu 1—2 ml einer verdünnten H_2O_2-Lösung wird etwas Hefeaufschlemmung gegeben. Die unter Aufschäumen verlaufende Sauerstoffentwicklung läßt sich mit einem glimmenden Holzspan nachweisen.

$$H_2O_2 \rightarrow H_2O + 1/2\,O_2\,.$$

Versuch Nr. 19

Katalysatoren können durch Fremdstoffe leicht vergiftet werden. Der vorstehende Versuch wird wiederholt, nachdem der H_2O_2-Lösung vorher einige Tropfen einer Kaliumcyanid-Lösung zugefügt wurden. (Äußerste Vorsicht beim Umgang mit KCN, es ist sehr giftig!)

Wasser als Lösungsmittel

Von allen Lösungsmitteln ist das Wasser das wichtigste. Es hat ein ausgeprägtes Auflösungsvermögen für Stoffe aller Art, und zwar sowohl für organische als auch für anorganische Verbindungen. Elektrolyte, wie Säuren, Basen und Salze, sind besonders gut in Wasser löslich. Auch gasförmige Substanzen, wie Kohlendioxyd, CO_2, Schwefeldioxyd, SO_2, Ammoniak, NH_3, werden in beträchtlicher Menge von Wasser gelöst. Dabei werden viele Stoffe, wie

z. B. die angeführten Gase, die selbst keine Elektrolyte darstellen, unter der aktiven Mitwirkung der Wassermoleküle zu echten Elektrolyten. Diese Stoffe werden daher auch als ,,potentielle Elektrolyte“ bezeichnet. Aus dem Säureanhydrid Schwefeltrioxyd, das den elektrischen Strom selbst nicht leitet, wird z. B. nach

$$SO_3 + H_2O \rightarrow H_2SO_4$$

Schwefelsäure, deren wäßrige Lösung gute Leitfähigkeit besitzt. Von organischen Stoffen sind besonders solche Verbindungen leicht löslich, die eine polare Gruppe im Molekül enthalten, wie Alkohole, Carbonsäuren und Amine.

Für das Wasser als Lösungsmittel ist seine Neigung, sich an andere, bereits abgesättigte Verbindungen oder auch an Ionen anzulagern und hiermit Hydrate zu bilden, besonders kennzeichnend. Weitere wichtige Merkmale für dieses Lösungsmittel sind die in ihm ablaufenden Neutralisations- und Hydrolyse-Reaktionen. Beide Reaktionen sind eine Folge der geringfügigen elektrolytischen Eigendissoziation des Wassers in hydratisierte H^+-Ionen (= Hydroniumionen) und OH^--Ionen:

$$2\,H_2O \rightleftharpoons (H_3O)^+ + OH^-,$$

vereinfacht

$$H_2O \rightleftharpoons H^+ + OH^-.$$

Aus dem äußerst geringen elektrischen Leitvermögen von reinstem Wasser errechnet sich die Konzentration der Wasserstoffionen und Hydroxylionen bei 25° zu je 10^{-7}, d. h. also, daß in 1 l Wasser nur 1/10000000 g-Ion H^+ und OH^- vorhanden sind. Bedenkt man, daß in allen verdünnten wäßrigen Lösungen das Wasser gleichzeitig Lösungsmittel ist, seine Konzentration im Verhältnis zur Konzentration von H^+ und OH^- sehr groß und die Änderung der Konzentration des undissoziierten Wassers durch eine Verschiebung des Gleichgewichts in der einen oder anderen Richtung gegenüber der Totalkonzentration verschwindend klein ist, so kann die Konzentration des undissoziierten Wassers praktisch als konstant betrachtet werden. Das MWG für das Dissoziationsgleichgewicht des Wassers

$$\frac{[H^+] \cdot [H^-]}{[H_2O]} = K$$

kann daher zu

$$[H^+] \cdot [OH^-] = K_W$$

vereinfacht werden. Diese Formel wird auch das Ionenprodukt des Wassers genannt. Da $[H^+]$ und $[OH^-]$ in reinem Wasser gleich 10^{-7} ist, folgt für $K_W = 10^{-14}$.

Viele der bemerkenswerten Eigenschaften des Lösungsmittels Wasser werden durch den Bau der Wassermoleküle verständlich. Die beiden Wasserstoffatome liegen mit dem Sauerstoffatom nicht auf einer Geraden, H—O—H; die drei Atome bilden vielmehr einen Winkel von etwa 105°. Infolge dieser unsymmetrischen Anordnung fallen die Schwerpunkte der Ladungen nicht mehr zusammen (das O-Atom ist negativer, die Wasserstoffatome positiver). Es verbleiben kleine Restladungen an den Enden des Moleküls, die dazu führen, daß das Wassermolekül ein Dipol [— +] ist. Diese Dipolnatur ist die Ursache für viele charakteristischen Eigenschaften des Wassers. (Überlege, warum wohl Siedepunkt und Schmelzpunkt des Wassers im Vergleich mit dem Hydrid H_2S so ungewöhnlich hoch liegen.)

```
  H
 /
O
 \
  H
```

Versuch Nr. 20

Erhitzt man eine Flussigkeit im Reagensglas, so halte man die Öffnung desselben standig von sich und anderen Praktikanten abgewendet, damit niemand durch herausspritzende, heiße Flussigkeit verletzt werden kann. Zur Vermeidung eines Siedeverzuges ist das Reagensglas wahrend des Erhitzens leicht zu schutteln.

Im Reagensglas werden 3—4 ml Wasser zum Sieden erhitzt und so lange festes Kaliumnitrat eingetragen, bis sich nicht mehr alles löst. Die heiße Lösung wird darauf in ein sauberes Reagensglas filtriert. Beim Erkalten kristallisiert ein Teil des Kaliumnitrats wieder aus. Ist dieses nicht der Fall, so läßt sich die Übersättigung der Lösung aufheben, indem der Lösung ein KNO_3-Kriställchen als Impfkristall zugesetzt wird. Auch durch Reiben der inneren Glaswand mit einem Glasstab kann die Übersättigung der Lösung aufgehoben werden. Der Versuch zeigt, daß Kaliumnitrat in der Wärme leichter löslich ist als in der Kälte. Dies gilt für die meisten Salze, jedoch nicht für alle. Prüfe in der gleichen Weise, wie sich Kochsalz verhält.

Von der größeren Löslichkeit in der Wärme macht man Gebrauch, um Substanzen durch Umkristallisieren zu reinigen.

Versuch Nr. 21

Ein kleines Erlenmeyer-Kölbchen wird zu 1/3 mit Wasser gefüllt. Verschließe die Öffnung mit dem Daumen und schüttele kräftig durch. Mit diesem Wasser wird ein Reagensglas bis zum Rande gefüllt. Auf die Öffnung des Reagensglases drücke nun einen einfach durchbohrten Gummistopfen, durch den ein 3 cm langes Glasröhrchen geführt ist. Dabei muß das Wasser vollständig in das Röhrchen eindringen. Verschließe nun die Öffnung des Röhrchens mit dem Finger und stelle es umgekehrt in ein zu 3/4 mit Wasser gefülltes Becherglas. Beim Erwärmen des Becherglases beobachtet man die Bildung von Gasbläschen, die sich im oberen Teil des Reagensglases ansammeln.

Gase lösen sich ebenfalls in Wasser. Ihre Löslichkeit nimmt mit steigender Temperatur ab. Überlege am Beispiel einer Selterswasserflasche, ob Druck die Löslichkeit des Kohlendioxyds erhöht oder erniedrigt. Ohne die Löslichkeit von Sauerstoff in Wasser wäre das Leben in den Gewässern nicht denkbar!

Versuch Nr. 22

Stelle das Gerät nach Abb. 8 zusammen und klammere *a* an einem Stativ fest. In *a* werden einige Spatelspitzen Natriumhydrogensulfit und 2—3 ml verd. Salzsäure gefüllt, in *b* etwa 10 ml Wasser. Nun wird *a* vorsichtig erwärmt und das entweichende Schwefeldioxyd 1—2 min in *b* aufgefangen. Jetzt wird unterbrochen, indem zuerst *b* fortgenommen und dann erst der Brenner entfernt wird. Bei umgekehrtem Hantieren kann das Wasser leicht von *b* nach *a* gesaugt werden.

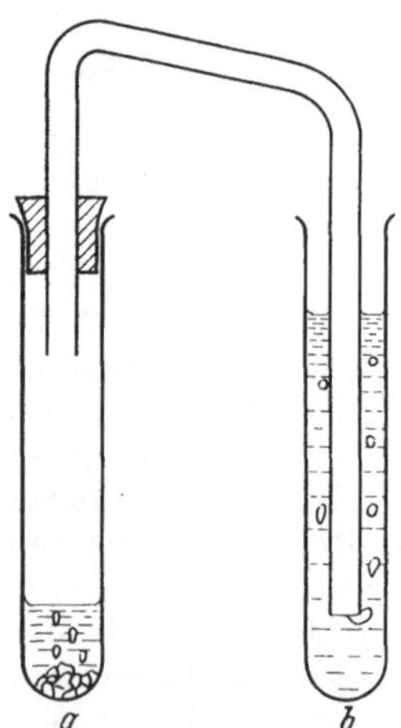

Abb. 8. Gerät zur Entwicklung und zum Nachweis von Gasen

Überzeuge dich mit Lackmuspapier oder Universalindicatorpapier von der sauren Reaktion der Lösung. SO_2 ist ein potentieller Elektrolyt, der durch Reaktion mit den Lösungsmittelmolekülen den echten Elektrolyten Schweflige Säure liefert:

$$SO_2 + H_2O \rightarrow H_2SO_3$$

Zu der H_2SO_3-Lösung gebe vorsichtig so lange sehr verdünnte Natronlauge, bis das Indicatorpapier neutrale Reaktion anzeigt.

Auf Zusatz einer $CaCl_2$-Lösung scheidet sich schwerlösliches $CaSO_3$ ab.

$$CaCl_2 + Na_2SO_3 \rightarrow CaSO_3\downarrow + 2Na^+ + 2Cl^-$$

Schreibe die Reaktionsgleichung, nach der aus Natriumhydrogensulfit, $NaHSO_3$, und HCl Schwefeldioxyd gebildet wird.

Versuch Nr. 23

Der Versuch darf wegen der großen Giftigkeit des Chlorgases nur unter dem Abzug ausgeführt werden.

In der in Abb. 3 (S. 6) beschriebenen Apparatur wird ein langsamer Chlorstrom erzeugt und durch ein mit etwa 5 ml Wasser gefülltes Reagensglas geleitet, das mit Eiswasser auf 0° gekühlt wird. Nach einiger Zeit scheiden sich Kristalle des Chlorhydrats, $Cl_2 \cdot 8\,H_2O$, ab. Der Kristallbrei wird abfiltriert, am besten auf einer Glasfilternutsche und in eine Porzellanschale gebracht. Beim langsamen Erwärmen zerfallen die Kristalle schnell, dabei entweicht grünes Chlorgas, während H_2O zurückbleibt.

Versuch Nr. 24

Gebrannter Gips hat die Formel $2(CaSO_4) \cdot H_2O$. Er geht durch Aufnahme von Wasser nach

$$2(CaSO_4) \cdot H_2O + 3\,H_2O \rightarrow 2\,CaSO_4 \cdot 2\,H_2O$$

leicht in das Dihydrat über. Die Wasseraufnahme erfolgt unter Erwärmung, dabei wird der Gips sehr hart, ohne daß er seine Form stark verändert. Man macht hiervon bei der Herstellung von Gipsabgüssen sowie bei der Anlegung von Gipsverbänden Gebrauch.

Berechne die für das Erhärten von 5 g Gipspulver notwendige Wassermenge und rühre mit ihr den Gips in einer Reibschale zu einem dicken Brei an. Drücke den Brei in eine leere Zündholzschachtel und streiche die Oberfläche mit einem Spatel glatt. In die glatte Masse wird eine Münze oder ein anderer Gegenstand gedrückt. Prüfe mit dem Finger an einer freien Stelle die mit der Härtung einhergehende Temperaturerhöhung. Nach 2 min läßt sich die Münze abheben. (Worauf ist die Erwärmung zurückzufuhren ?)

Versuch Nr. 25

Im Reagensglas werden zu 2 ml H_2O 2 ml Äthylalkohol gefugt. Beide Stoffe sind vollständig mischbar. Man erhitze die Lösung; noch unter 100° beginnt die Lösung zu sieden. Der Siedepunkt des Alkohols liegt bei 78°, er verdampft also zuerst. Stoffe mit verschiedenen Siedepunkten lassen sich auf diese Weise — durch Destillation — voneinander trennen. Entzünde die entweichenden Alkoholdämpfe am Reagensglasende. Die Flamme erlischt nach einiger Zeit, da die Dämpfe laufend alkoholärmer, aber wasserreicher werden.

Versuch Nr. 26[1])

Nicht alle Stoffe sind mit Wasser vollstandig mischbar. Man überzeuge sich davon, indem zu 5 ml Wasser vorsichtig — am besten mit einer Meßpipette (Abb. 77) tropfenweise Äther zugesetzt wird. Nach jedem Tropfen wird das Reagensglas mit dem Daumen verschlossen und kräftig durchgeschüttelt. Das Verfahren wird so lange fortgesetzt, bis sich der erste Tropfen des Äthers auf der Wasseroberfläche abscheidet. Das Auftreten einer neuen Flüssigkeitsphase läßt sich durch Zusatz von etwas festem Jod leichter erkennen, da Äther Jod besser löst als Wasser und die ätherische Phase daher dunkler ist. Ermittle die ungefähre Löslichkeit des Äthers in Wasser aus der Tropfenzahl, dem Tropfenvolumen und der Dichte des Äthers ($D = 0{,}72$).

Versuch Nr. 27

Ist ein Stoff in einem Lösungsmittel löslich, so ist es das Losungsmittel in der Regel auch in dem Stoff. Äther vermag also auch Wasser zu lösen.

In einem 20 ml Schüttelzylinder werden zu 10 ml Äther 2 ml Wasser gefügt und das Gemisch kräftig durchgeschüttelt, wobei der Stopfen wegen des hohen Dampfdruckes fest niedergedrückt werden muß. Die Ätherschicht wird darauf im kleinen Scheidetrichter von der wäßrigen Phase abgetrennt und gleichmäßig auf zwei Reagensgläser verteilt. Zu der einen Probe wird eine größere Spatelspitze wasserfreies Calciumchlorid gefügt. Beide Reagensgläser bleiben einige Stunden mit einem Gummistopfen verschlossen stehen. Hiernach wird die $CaCl_2$-haltige Lösung filtriert und zu beiden Proben eine Spatelspitze wasserfreies, frisch bereitetes Kupfersulfat (s. Versuch Nr. 9) gefügt. Beachte, daß die blaue Farbe des hydratisierten Kupfersulfats in der nicht mit Calciumchlorid getrockneten Probe viel schneller und intensiver erscheint. Calciumchlorid ist ein gutes Trockenmittel für viele organische Flüssigkeiten, da es Wasser unter Bildung des Hexahydrates $CaCl_2 \cdot 6\,H_2O$ anlagert.

Kapitel III

Säuren — Basen — Neutralisation — Hydrolyse

Säuren

Säuren sind Stoffe, welche in wäßriger Lösung Wasserstoffionen (= Protonen) an die Wassermoleküle abgeben, so daß die Zahl

[1]) Die Versuche 26 u. 27 sind von allen Praktikanten gleichzeitig auszuführen. Während der Versuchsdauer dürfen keine offenen Flammen an den Arbeitstischen brennen!

der hydratisierten Protonen [= Hydroniumionen (H_3O^+)] großer wird als in reinem Wasser. Eine wäßrige Chlorwasserstoff-Lösung reagiert sauer, weil die homöopolare Verbindung HCl bei der Reaktion mit Wasser nach:

$$\begin{array}{c} H \\ \diagdown \\ |\overline{\underline{O}}| \\ \diagup \\ H \end{array} + H \blacktriangleleft Cl \rightarrow \begin{array}{c} H \\ \diagdown \\ |O \rightarrow H \blacktriangleleft Cl \\ \diagup \\ H \end{array} \rightarrow (H_3O)^+ + Cl^-$$

in das Hydronium-Ion und das Cl^--Ion dissoziiert. Gewohnlich läßt man das Lösungsmittel Wasser fort und schreibt die Dissoziationsreaktion der Salzsäure vereinfacht:

$$HCl \rightarrow H^+ + Cl^- .$$

Fur eine beliebige Saure HA lautet die Dissoziationsgleichung entsprechend:

$$HA \rightarrow H^+ + A^-$$

Sauren sind also imstande, bei der Dissoziation Protonen zu liefern, sie werden daher auch als *Protonendonator* bezeichnet.

Säuren, d. h. also Hydronium-Ionen, können durch verschiedene Wirkungen erkannt werden. Sie verleihen den Lösungen einen sauren Geschmack auf der Zunge. Indicatorfarbstoffe, wie z. B. Lackmus, Methylrot oder Methylorange sind in saurem Medium anders gefärbt als in neutraler oder basischer Lösung. Charakteristisch für alle Säuren ist ferner ihre Reaktion mit unedlen Metallen wie Zink, Eisen, Aluminium. Hierbei wird Wasserstoff entwickelt, während sich das Metall auflöst. Beim Eindampfen dieser Lösungen werden Salze der betreffenden Sauren erhalten; in ihnen ist der Wasserstoff der Säure durch Metallkationen ersetzt. Da bei der Dissoziation einer Säure Protonen und Säurerest-Ionen entstehen, leiten ihre wäßrigen Lösungen den elektrischen Strom (vergl. S. 11).

Versuch Nr. 28

Prüfe die ausstehende verdünnte Essigsäure auf ihren Geschmack. Prüfe auf dem Uhrglas einige Tropfen verdünnte Salzsäure, Essigsäure und Salpetersäure mit blauem Lackmuspapier sowie mit Universalindicatorpapier auf ihre Reaktion gegen die Indicatorfarbstoffe.

Aufgabe Nr. 8

Schreibe Dissoziationsgleichungen für Salpetersäure, HNO_3; Essigsäure, CH_3COOH; Fluorwasserstoff, HF; und Bromwasserstoff, HBr.

Versuch Nr. 29

Baue das Gerät nach Abb. 8 zusammen. Beschicke *a* mit einigen Spatelspitzen Kochsalz und füge 4 ml konz. Schwefelsäure hinzu. (Vorsicht beim Umgang mit konz. H_2SO_4, s. die Anm. 1 auf S. 5).

Nach

$$2NaCl + H_2SO_4 \rightarrow 2HCl\uparrow + Na_2SO_4$$

entwickelt sich Chlorwasserstoffgas, das in *b* über Wasser aufgefangen wird. Zweckmäßig taucht der rechte Schenkel nicht in das Wasser ein, da sonst leicht ein Teil des Wassers nach *a* gesaugt wird, wobei eine sehr heftige Reaktion des Wassers mit der konz. Schwefelsäure erfolgen kann. HCl-Gas ist gut wasserlöslich und wird in ausreichender Menge gelöst, auch wenn das Einleitungsrohr nicht eintaucht. Die Lösung wird mit Indicatorpapier auf saure Reaktion geprüft. Zum Nachweis der bei der Dissoziation entstandenen Cl^--Ionen füge man einige Tropfen Silbernitrat-Lösung hinzu. Es entsteht ein weißer käsiger Niederschlag von Silberchlorid, der sich nach Zusatz von verd. Salpetersäure nicht auflösen darf. Man überzeuge sich davon.

$$H^+ + Cl^- + Ag^+ + NO_3^- \rightarrow AgCl\downarrow + H^+ + NO_3^-$$

Das benutzte Darstellungsverfahren des Chlorwasserstoffes (Verdrängung einer Säure aus ihrem Salz durch eine schwerer flüchtige Säure) ist häufig anwendbar. Früher wurde so aus Chilesalpeter, $NaNO_3$, und Schwefelsäure Salpetersäure gewonnen. Schreibe die Gleichung hierfür!

Versuch Nr. 30

Im Reagensglas werden 3—4 Stückchen granuliertes Zink mit einigen ml halbkonz. Salzsäure übergossen. Es setzt lebhafte Gasentwicklung ein. Verschließe das Reagensglas während der Gasentwicklung kurze Zeit mit dem Daumen, darauf halte die Öffnung des Reagensglases an die Flamme. Das Gasgemisch verpufft mit pfeifendem Knall (Knallgas).

$$Zn + 2H^+ + 2Cl^- \rightarrow H_2\uparrow + Zn^{2+} + 2Cl^-$$

$$H_2 + {}^1/_2\, O_2 \rightarrow H_2O + \text{kcal}$$

Beim Eindampfen der Lösung unter dem Abzug bleibt Zinkchlorid zurück.

Versuch Nr. 31

Wiederhole das vorstehende Experiment. Nehme aber anstelle von Zink und Salzsäure Eisenspäne und verdünnte Schwefelsäure.

Formuliere die Gleichung! Zum Nachweis des in Lösung gegangenen Eisen(II)-ions gieße man etwas von der Lösung in ein anderes Reagensglas. Beim Zufügen einer Lösung von Kaliumhexacyanoferrat-III, $K_3[Fe(CN)_6]$, bildet sich ein tiefblauer Niederschlag komplizierterer Zusammensetzung, durch den das Eisen nachgewiesen ist.

Mehrwertige Säuren. Enthält eine Verbindung mehrere als Protonen abspaltbare Wasserstoffatome in ihrem Molekül, so wird die Säure je nach der Zahl der sauren Wasserstoffatome als mehrwertige Säure bezeichnet. H_2SO_4 ist eine zweiwertige Säure, die Phosphorsäure, H_3PO_4, eine dreiwertige Säure, da alle drei Wasserstoffatome abdissoziieren können. Dagegen ist die Unterphosphorige Säure, H_3PO_2, eine einwertige Säure, weil hier nur Dissoziation nach

$$\begin{array}{c} O \\ \| \\ H-P-OH \\ | \\ H \end{array} \rightarrow H^+ + \begin{array}{c} O \\ \| \\ H-P-O^- \\ | \\ H \end{array}$$

erfolgt. In dieser Verbindung ist nur das am Sauerstoffatom befindliche Wasserstoffatom auch wirklich sauer.

Charakteristisch für die mehrwertigen Säuren ist ihre stufenweise Dissoziation. Schwefelsäure gibt nicht beide Protonen gleichzeitig ab, sondern nacheinander. Dabei erfolgt die Abdissoziation des ersten Protons stets viel leichter als die der nachfolgenden. Nachdem ein Proton sich abgelöst hat, hinterbleibt ein negativ geladenes Ion, von dem sich weitere Protonen auf Grund der elektrostatischen Anziehung nur erheblich schwerer ablösen können.

Die Dissoziationsgleichungen für H_2SO_4 und H_3PO_4 lauten daher:

$$H_2SO_4 \rightleftharpoons H^+ + HSO_4^- \qquad \text{1. Diss.-stufe}$$
$$HSO_4^- \rightleftharpoons H^+ + SO_4^{2-} \qquad \text{2. Diss.-stufe}$$

$$H_3PO_4 \rightleftharpoons H^+ + H_2PO_4^- \qquad \text{1. Diss.-stufe}$$
$$H_2PO_4^- \rightleftharpoons H^+ + HPO_4^{2-} \qquad \text{2. Diss.-stufe}$$
$$HPO_4^{2-} \rightleftharpoons H^+ + PO_4^{3-} \qquad \text{3. Diss.-stufe}$$

Versuch Nr. 32

Berechne, wieviel festes NaOH benötigt wird, um nach der Gleichung

$$H_2SO_4 + NaOH \rightarrow NaHSO_4 + H_2O$$

50 ml 10%ige Schwefelsäure quantitativ in Natriumhydrogensulfat zu überführen. Wäge diese Menge ab, löse in 20 ml Wasser und

gebe beide Lösungen zusammen. Darauf wird die vereinigte Lösung in einer Porzellanschale unter häufigem Umrühren mit dem Glasstab vorsichtig bis fast zur Trockene eingedampft. Wenige der abgeschiedenen Kristalle trockne man zwischen Filtrierpapier, uberspüle zur Reinigung mit wenigen Tropfen Äthylalkohol und darauf mit wenigen Tropfen Äther. Die reinen Kristalle löse man erneut in Wasser und prüfe die Reaktion gegen Methylorange. Stelle das Dissoziationsschema für das Salz auf!

Säurestärke. Die Stärke einer Säure ist nicht von der Anzahl der sauren Wasserstoffatome im undissoziierten Molekül einer Säure abhängig; H_3PO_4 ist z. B. eine schwächere Säure als HCl. Sie wird vielmehr bestimmt durch die Zahl der tatsächlich in einer Lösung vorhandenen Hydronium-Ionen. Diese ergibt sich allein aus der Lage des Dissoziationsgleichgewichtes. Die unterschiedliche Stärke der Säuren läßt sich durch verschieden lange Gleichgewichtspfeile zum Ausdruck bringen. Bei den starken Mineralsäuren, wie z. B. Perchlorsäure und Salzsäure liegt praktisch vollkommene Dissoziation in die Ionen vor.

$$HClO_4 \rightleftharpoons H^+ + ClO_4^-$$
$$HCl \rightleftharpoons H^+ + Cl^-$$

In entsprechender Weise ist die Dissoziationsgleichung der mittelstarken H_3PO_4 wie folgt zu schreiben:

$$H_3PO_4 \rightleftharpoons H^+ + H_2PO_4^-$$
$$H_2PO_4^- \rightleftharpoons H^+ + HPO_4^{2-}$$
$$HPO_4^{2-} \rightleftharpoons H^+ + PO_4^{3-}$$

Bei mehrwertigen Sauren läßt sich das MWG auf jede Dissoziationsstufe anwenden, z. B.

$$\frac{[H^+] \cdot [HSO_4^-]}{[H_2SO_4]} = k_1 \text{ und } \frac{[H^+] \cdot [SO_4^{2-}]}{[HSO_4^-]} = k_2$$

Die einzelnen Dissoziationskonstanten unterscheiden sich häufig um mehrere Zehnerpotenzen.

Aufgabe Nr. 9

Jodwasserstoff ist eine starke Säure, Schweflige Säure ist eine mittelstarke Säure und Kohlensäure eine sehr schwache Säure. Schreibe die Dissoziationsgleichungen und bringe die Stärke der Säure durch ungleiche Gleichgewichtspfeile zum Ausdruck!

Aufgabe Nr. 10a

Wie lautet das MWG für die erste Dissoziationsstufe der Borsaure, H_3BO_3*?*

Aufgabe Nr. 10b

Wodurch kann in einer Phosphorsaure-Losung die Konzentration der PO_4^{3-}-Ionen stark vermehrt werden?

Versuch Nr. 33

4 gleichlange (2—3 cm) Stücke sauberen Magnesiumbandes werden in 4 trockene Reagensgläser getan. Nun werden der Reihe nach jeweils 10 ml von den folgenden 1N Säuren (HCl, H_2SO_4, CH_3COOH, H_3PO_4) in einem Guß in die Reagensgläser gebracht. Dabei wird die Zeit notiert, in der in den verschiedenen Proben vollständige Auflösung des Magnesiums beobachtet wird. Vergleiche die Zeitdauer der Auflosung und gib hiernach die unterschiedliche Stärke der Säuren an. N bedeutet Normallösung. Eine Normallösung enthält im Liter 1 Gramm-Äquivalentgewicht gelöst. Bei HCl und CH_3COOH ist das Äquivalentgewicht = Molgewicht, bei der Schwefelsäure = $\frac{H_2SO_4}{2}$, bei der Phosphorsäure = $\frac{H_3PO_4}{3}$ (S. hierzu auch S. 74.) Formuliere die Bruttogleichungen aller Umsetzungen.

Basen

Im Lösungsmittelsystem Wasser versteht man unter einer Base eine Verbindung, welche die Hydroxyl-Ionenkonzentration des Wassers erhöht. Im einfachsten Fall ist es ein Stoff, der OH^--Ionen abdissoziiert wie Natriumhydroxyd:

$$NaOH \rightleftharpoons Na^+ + OH^-$$

Basische Reaktion kann aber auch dadurch eintreten, daß eine Verbindung Protonen von den Wassermolekülen aufnimmt, hierbei werden mehr Hydroxyl-Ionen frei. Ein Beispiel hierfür ist das Ammoniak:

$$NH_3 + H_2O \rightleftharpoons NH_4^+ + OH^-$$

Da eine Säure nach Brönstedt als Protonendonator definiert ist, läßt sich umgekehrt unter Beachtung der obigen Gleichung auch sagen: Eine Base ist ein *Protonenakzeptor*. Durch diese Definition sind „korrespondierende Säure-Base-Paare“ auf Grund der Gleichung

$$\text{Saure} \rightleftharpoons \text{Base} + \text{Proton}$$

miteinander verbunden. Das Ammonium-Ion ist demnach eine Säure, d. h. ein Protonendonator; das NH_3 dagegen die korrespondierende Base oder der Protonenakzeptor:

$$NH_4^+ \rightleftharpoons NH_3 + H^+$$

Ebenso wie bei den Säuren unterscheidet man zwischen ein- und mehrwertigen Basen, letztere vermögen mehr als ein OH-Ion abzudissoziieren. Es sind vor allem die Hydroxylverbindungen mehrwertiger Metalle, wie $Mg(OH)_2$, $Ba(OH)_2$, $Al(OH)_3$ u. a. Die Dissoziation erfolgt ebenfalls stufenweise. Hieraus ergibt sich, daß es nicht nur saure Salze, sondern in entsprechender Weise auch basische Salze gibt.

Die Basenstärke hängt ebenfalls von der Lage des Dissoziationsgleichgewichtes ab. Die Hydroxyde der Alkalimetalle sind die stärksten Basen, sie sind praktisch vollständig dissoziiert. Mittelstarke Basen sind die Erdalkalihydroxyde, während die Hydroxyde der in der 3. Hauptgruppe stehenden Erdmetalle nur noch sehr schwache Basen sind. Bei vielen Basen geht die Löslichkeit parallel mit der Basenstärke, so sind $Al(OH)_3$ und $Fe(OH)_3$ praktisch unlöslich.

Die verschiedene Basenstärke der Metallhydroxyde kann letzten Endes aus der Natur der chemischen Bindung gedeutet

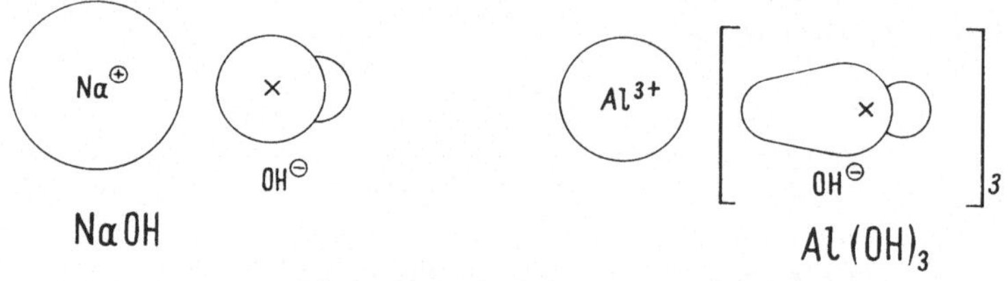

Abb 9 Vergleich der Hydroxyde NaOH und $Al(OH)_3$; Deformation der Elektronenhülle des Sauerstoffs im Aluminiumhydroxyd (kleinerer Ionenradius und höhere Ladung des Al^{3+}!)

werden. Basen sind im festen Zustand überwiegend heteropolare Verbindungen, in denen die positiven Metall-Ionen und die negativen Hydroxyl-Ionen durch Coulombsche Kräfte zusammengehalten werden (vgl. S. 8). Je kleiner die Ladung und je größer der Ionenradius ist, um so geringer ist die Bindekraft und um so leichter dissoziiert das Hydroxyd. Daher ist Caesiumhydroxyd eine viel stärkere Base als Lithiumhydroxyd (s. hierzu Abb. 2). Beim Aluminium-Ion ist die Ladung 3+, gleichzeitig ist der Ionenradius infolge der stärkeren Kontraktion der Elektronenhülle durch die größere Ladung erheblich kleiner als beim Natrium-Ion. Nach dem Coulombschen Gesetz ist die Bindekraft, mit der das OH-Ion gebunden wird, daher sehr viel größer. Diese starke Anziehung bewirkt beim $Al(OH)_3$ eine Deformation der Elektronenhülle des Sauerstoffs, durch die der positive Kern des O-Atoms nach außen verlagert wird.

Geht man in der gleichen Reihe des Periodensystems (Na, Mg, Al, Si, P, S, Cl) noch eine Stelle weiter zum benachbarten Silicium, so führen diese Erscheinungen dazu, daß das $Si(OH)_4$ schon eine schwache Säure ist. Das $Al(OH)_3$ steht an der Grenze zwischen den basischen und sauren Eigenschaften, es ist *amphoter* (Versuch Nr. 39).

Versuch Nr. 34

Bringe jeweils einige Tropfen der Basen: Natronlauge, Calciumhydroxyd, Ammoniakwasser und Barytwasser auf ein Uhrglas und prüfe ihre Reaktion gegen rotes Lackmuspapier, Methylrot und Phenolphthalein. Basen werden ebenso wie die Säuren an ihrer Reaktion gegen Farbindicatoren erkannt.

Versuch Nr. 35

In einem kleinen Becherglas wird eine Spatelspitze Ammoniumchlorid mit 5 ml verdünnte Natronlauge übergossen. Dann wird das Becherglas mit einem Uhrglas abgedeckt, an dessen Unterseite ein feuchter Streifen roten Lackmuspapieres haftet. Nach kurzer Zeit wird das Indicatorpapier blau, da die schwerflüchtige Base NaOH die leichter flüchtige Base NH_3 aus ihrem Salz verdrängt (Nachweis des Ammonium-Ions).

$$NH_4Cl + NaOH \rightarrow NH_3\uparrow + NaCl + H_2O$$

Versuch Nr. 36

Sehr kleine Mengen Ammoniak lassen sich mit „Nesslers Reagens", einer alkalischen Lösung von $K_2[HgJ_4]$, nachweisen. Man verdünne einen Tropfen verdünntes NH_3-Wasser mit etwa 10 ml Wasser und füge einige Tropfen Nesslers Reagens hinzu. Es entsteht ein gelbbrauner Niederschlag von $Hg_2NJ \cdot H_2O$.

Dieser Nachweis dient zur Erkennung von Ammoniak im Trinkwasser. Ammoniakhaltiges Wasser ist nicht trinkbar, da das NH_3 meist durch Fäulnis stickstoffhaltiger, organischer Stoffe entstanden ist.

Versuch Nr. 37

Füge in einem Reagensglas zu einer Spatelspitze Calciumoxyd einige ml Wasser und prüfe auf die Reaktion gegen Lackmus. Metalloxyde reagieren mit Wasser zu Hydroxyden.

$$CaO + H_2O \rightarrow Ca(OH)_2$$

Versuch Nr. 38

Man wiederhole das Experiment mit Magnesiumoxyd und gebe die Reaktionsgleichung an.

Versuch Nr. 39

Ein Tupfelrohr ist ein etwa 20 cm langes dunnes Glasrohr, dessen oberes Ende mit dem Zeigefinger verschlossen wird. Durch vorsichtiges Lupfen des Fingers lassen sich kleine Flussigkeitsmengen zutropfen. Das Rohr wird durch Einstellen in die Reagensflasche und Verschließen mit dem Finger gefüllt. Damit eine Verunreinigung der Reagentien unterbleibt, muß das Tüpfelrohr nach jedem Gebrauch sofort wieder innen und außen abgespult werden! Man sollte stets etwa 5 Tupfelrohre vorratig haben, sie werden zweckmaßig in einem hohen Becherglas aufbewahrt.

Zu 2 ml Aluminiumsulfat-Lösung wird mit dem Tüpfelrohr tropfenweise verdünnte Natronlauge gefügt.

Es scheidet sich schwerlösliches Aluminiumhydroxyd aus. Bei weiterem Laugezusatz löst es sich wieder auf. Aluminiumhydroxyd ist amphoter und bildet mit Natriumhydroxyd ein leichtlösliches Komplexsalz, das Natrium-tetrahydroxo-aluminat (s. hierzu S. 63—66)

$$Al^{3+} + 3OH^- \rightarrow Al(OH)_3\downarrow$$

$$Al(OH)_3 + NaOH \rightarrow Na[Al(OH)_4]$$

Die „saure“ Natur des Aluminiumhydroxyds bei dieser Umsetzung kommt besser durch folgende Gleichung zum Ausdruck:

$$Al(OH)_3 + H_2O \rightleftharpoons [Al(OH)_4]^- + H^+$$

Mit Laugen erfolgt Auflösung, da die zugefügten Hydroxylionen die Protonen auf der rechten Seite wegfangen, so daß das Gleichgewicht vollständig nach rechts verschoben wird.

Versuch Nr. 40

Man wiederhole den vorstehenden Versuch, nehme aber anstelle des Aluminiumsulfats eine Zinkchloridlösung. Schreibe die Beobachtungen als Reaktionsgleichungen nieder; Zink bildet ebenfalls ein Tetrahydroxo-Salz.

Neutralisation

Äquivalente Mengen Säure und Base reagieren in der Weise miteinander, daß sich saure und basische Eigenschaften gegenseitig aufheben. Diese Reaktion wird Neutralisation genannt. Die Neutralisationsreaktion beruht darauf, daß sich die H^+ und OH^--Ionen zu undissoziiertem Wasser verbinden, da das Ionenprodukt des Wassers nur sehr klein ist, $k_W = 10^{-14}$, und darüber hinausgehende Konzentrationen an H^+ und OH^- nach dem MWG nicht vorliegen können. Das Wesentliche jeder Neutralisationsreaktion läßt sich demnach durch die Ionengleichung

$$H^+ + OH^- \rightleftharpoons H_2O$$

wiedergeben. Bei der Neutralisation wird Wärme frei (exotherme Reaktion), pro Mol gebildeten Wassers stets die gleiche Wärmemenge von 13,7 kcal. Da in den Säuren als Gegenionen zu den Protonen noch Säurerestionen oder Anionen vorliegen, in den Basen dagegen noch Kationen, entstehen bei dem Neutralisationsvorgang stets noch Salze:

$$\underbrace{H^+ + Cl^-}_{\text{Säure}} + \underbrace{Na^+ + OH^-}_{\text{Base}} \rightarrow \underbrace{H_2O}_{\text{Wasser}} + \underbrace{Na^+ + Cl^-}_{\text{Salz}}$$

Versuch Nr. 41

In eine Porzellanschale werden 10 ml der ausstehenden verdünnten Natronlauge abgefüllt und 2 Tropfen Phenolphthalein-Lösung zugefügt. Darauf läßt man aus einer Meßpipette unter stetem Rühren mit dem Glasstab vorsichtig 1 N Salzsäure so lange zulaufen, bis die rote Farbe des Indicators gerade verschwindet. Diese erste Neutralisation dient nur zur Orientierung über den ungefähren Säureverbrauch. Man lese die verbrauchte Säuremenge ab und wiederhole den Versuch, wobei man dieses Mal einen ml weniger einlaufen läßt als bei der ersten Durchführung. Den letzten ml gebe man tropfenweise zu und überzeuge sich nach jedem neuen Tropfen, ob der Farbumschlag schon eingetreten ist. Notiere den genauen Säureverbrauch für die nächste Aufgabe. Die Lösung wird anschließend in einer Porzellanschale auf dem Drahtnetz eingedampft. Es bleibt Kochsalz zurück.

Aufgabe Nr. 11

Berechne aus dem Säureverbrauch die in den 10 ml der ausstehenden Natronlauge enthaltene Menge Natriumhydroxyd, NaOH.

Hydrolyse

Salze dissoziieren in Wasser im allgemeinen praktisch vollständig. Daneben sind in der Lösung in geringem Maße auch noch die Ionen des Wassers vorhanden. Wird das Salz $\mathfrak{K}A$ ($\mathfrak{K}$ = Kation, $\mathfrak{A}$ = Anion) bezeichnet, so gelten für die Salzlösung die beiden Dissoziationsgleichungen:

$$\mathfrak{K}A \rightleftharpoons \mathfrak{K}^+ + \mathfrak{A}^-$$

$$H_2O \rightleftharpoons H^+ + OH^-$$

Ist die aus den Ionen der rechten Seite zusammensetzbare Säure HA und ebenso die Base $\mathfrak{K}OH$ ein starker Elektrolyt, so können die vier Ionen unverändert nebeneinander bestehen. Die

Konzentration der H^+ und OH^--Ionen wird durch die Ionen des Salzes nicht verändert, die Lösung reagiert also neutral. Ist aber die Säure HA oder aber die Base ℜOH schwach, so werden sich die Ionen des Salzes im ersten Fall mit den Protonen oder — bei einer schwachen Base — mit den Hydroxylionen des Wassers zu undissoziierter Säure bzw. Base verbinden. Hierdurch werden aus dem Wassergleichgewicht Protonen oder Hydroxylionen entfernt, so daß die Lösung nunmehr basisch bzw. sauer reagiert.

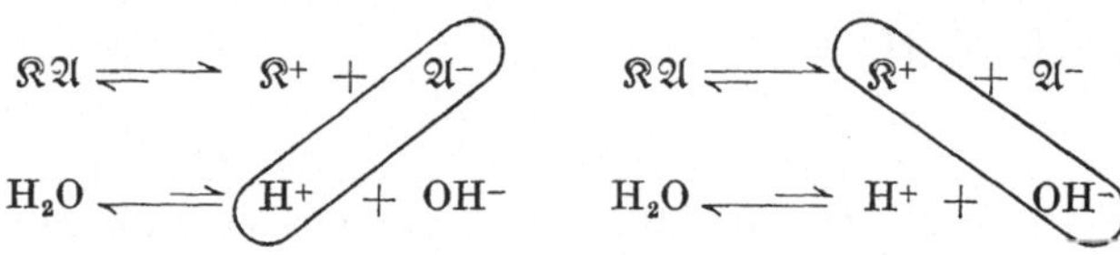

starke Base — schwache Saure = basische Reaktion schwache Base — starke Saure = saure Reaktion

Diese Reaktion des Salzes mit den Ionen des Wassers wird als hydrolytische Spaltung oder einfach als *Hydrolyse* bezeichnet. Die Hydrolyse stellt formal die Umkehrung der Neutralisation dar.

$$\text{Säure} + \text{Base} \underset{\text{Hydrolyse}}{\overset{\text{Neutralisation}}{\rightleftharpoons}} \text{Salz} + \text{Wasser}$$

Hydrolyse erfolgt auch dann, wenn die Ionenpartner des Salzes einer schwachen Saure und einer schwachen Base zugehören. Die Reaktion der Salzlosung hängt in diesem Fall von der relativen Starke der durch Hydrolyse gebildeten Säure und Base ab.

Versuch Nr. 42

Man löse eine Spatelspitze Natriumcarbonat, Na_2CO_3, in wenig Wasser und prüfe die Reaktion gegen Indicatorpapier. Die Lösung reagiert basisch. Erklärung: Das Salz dissoziiert vollkommen in Na^+ und CO_3^{2-}. Dadurch wird die Konzentration der

$$Na_2CO_3 \rightleftharpoons 2\,Na^+ + CO_3^{2-}$$
$$H_2O \rightleftharpoons H^+ + OH^-$$

Carbonat-Ionen weit uber das hinaus erhöht, was nach dem MWG bei der sehr geringen zweiten Dissoziationskonstanten der Kohlensäure zulässig ist. Das Gleichgewicht ist gestört; es stellt sich wieder ein, indem sich die CO_3^{2-}-Ionen mit den Protonen des Wassers zu undissoziierten HCO_3^--Ionen verbinden. Die Hydroxylionen sind danach in der Überzahl, so daß die Lösung basisch reagiert.

Versuch Nr. 43

Wie beim vorstehenden Versuch werden Losungen von Ammoniumchlorid und Natriumacetat bereitet und auf ihre Reaktion gegen Indicatorpapier geprüft. Begründe die beobachtete Reaktion durch Aufstellung des Hydrolyseschemas!

Aufgabe Nr. 12

Schwefelwasserstoff, Blausäure und Aluminiumhydroxyd sind sehr schwache Elektrolyte. Sage die Reaktion von Dinatriumsulfid, Na_2S; *Kaliumcyanid,* KCN, *und Alaun,* $KAl(SO_4)_2 \cdot 12H_2O$ *voraus. Man uberzeuge sich hinterher von der Richtigkeit der Voraussage!*

Kapitel IV

Über einige Säuren und Basen: Chlorsäuren — Salpetersäure — Phosphorsäure — Säurederivate — Carbonsäuren — Organische Stickstoffbasen

Chlorsäuren

Die anorganischen Sauren oder „Mineralsauren" leiten sich von den nichtmetallischen Elementen ab. Es sind die OH-Verbindungen, häufig auch die H-Verbindungen der Nichtmetalle, welche saure Eigenschaften zeigen. Jedes Nichtmetallelement vermag stets mehrere Sauerstoffsäuren zu bilden, sie leiten sich von verschiedenen Oxydationsstufen des Elementes ab. So kennt man vom Chlor außer der Salzsäure, HCl, die im menschlichen Organismus als Magensaure vorkommt, noch die vier in der folgenden Tabelle zusammengestellten Sauerstoffsäuren.

Chlorsauerstoffsäuren

Formel	Name	Salze	Oxydations-Zahl
HClO	Unterchlorige Saure	Hypochlorite	
$HClO_2$	Chlorige Saure	Chlorite	
$HClO_3$	Chlorsaure	Chlorate	
$HClO_4$	Überchlorsaure	Perchlorate	

Man trage die jeweilige Oxydationszahl der Chloratome in der letzten Spalte ein! Die Säurestärke nimmt von oben nach unten zu. Erklare die Zunahme der Saurestarke mit Hilfe des Coulombschen Gesetzes (S. 8).

Versuch Nr. 44

Entwickle in der in Abb. 3 skizzierten Apparatur, wie bei Versuch Nr. 8 beschrieben, Chlorgas und leite es einige Zeit in 10 ml verdünnte Natronlauge ein. Es entsteht Natriumchlorid und Natriumhypochlorit.

$$2Na^+ + 2OH^- + Cl_2 \rightleftharpoons Na^+ + Cl^- + Na^+ + OCl^- + H_2O$$

Verteile die Lösung auf zwei Reagensgläser und prüfe die oxydierenden Eigenschaften des Hypochlorits, indem zu der Lösung etwas Indigolösung gegeben wird. Der Farbstoff wird oxydativ zerstört.

Zu der anderen Hälfte gibt man verdünnte Salzsäure. Was wird beobachtet und welche Erklärung kann hierfür gegeben werden?

Aus Chlor und Calciumhydroxyd bildet sich Chlorkalk, $Ca^{2+}(ClO)^-Cl^-$; er findet als technisches Desinfektionsmittel Verwendung.

Versuch Nr. 45

Im Reagensglas lose man eine Spatelspitze Kaliumchlorat in Wasser und versetze mit wenig verdünnter Schwefelsäure und etwas Silbernitrat. Da Silberchlorat gut löslich ist, fällt kein Niederschlag. Nach Zugabe eines Stückchens Zink scheidet sich weißes Silberchlorid ab. Das Chlorat wird zu Chlorid reduziert (s. S. 59).

$$ClO^- + 6H \quad Cl^= \mid 3H_2O$$

Salpetersäure

Die Salpetersäure ist eine starke Säure mit oxydierenden Eigenschaften. Ihre Salze, die Nitrate, sind thermisch nicht stabil, sie zerfallen beim Erhitzen. Dabei geben die Schwermetallnitrate Metalloxyd, Stickstoffdioxyd und Sauerstoff, während die Alkalinitrate unter Sauerstoffabgabe in Nitrite übergehen. Ammoniumnitrat zerfällt in Wasser und Distickstoffoxyd, N_2O, das heute in der Anaesthesie (Lachgas) vielfach Verwendung findet.

Versuch Nr. 46

Beim Zusammenbau des für den nächsten Versuch notwendigen Gerätes verbinde man Teil *a* der Abb. 8 über ein Stückchen Gummischlauch mit der nebenstehend abgebildeten pneumatischen

Wanne. In *a* werden einige Spatelspitzen Ammoniumnitrat gefullt und das Reagensglas darauf mit starker Flamme erhitzt, bis eine lebhafte Gasentwicklung einsetzt. Das Distickstoffoxyd sammelt sich in dem mit Wasser gefüllten Zylinder an.

$$NH_4NO_3 \rightarrow N_2O + 2\,H_2O$$

Beim Einbringen eines glimmenden Holzspanes in den mit N_2O gefüllten Zylinder flammt dieser auf. N_2O vermag seinen

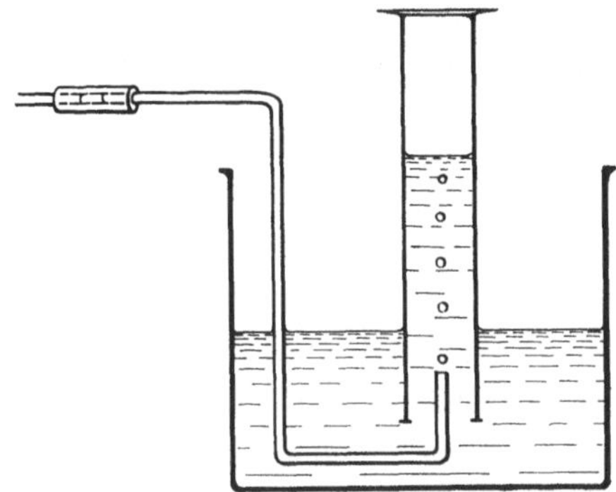

Abb. 10. Wanne zum Auffangen von Gasen

Sauerstoff nur bei hoherer Temperatur abzugeben, die menschliche Atmung unterhält es nicht. Bei der Lachgasnarkose muß daher stets Sauerstoff zugemischt werden!

Phosphorsäure

Verbindungen der Phosphorsäure bilden einen wesentlichen Bestandteil des pflanzlichen und tierischen Organismus. So ist das Calciumsalz, $3\,Ca_3(PO_4)_2 \cdot Ca(OH)_2$ (Hydroxylapatit), Hauptbestandteil der Knochen- und Zahnsubstanz. Organische Derivate der Phosphorsäure sind im Blut und in der Muskelsubstanz enthalten, beispielsweise sind die phosphorhaltigen Nucleinsäuren unentbehrliche Bestandteile der Zellkerne. Wieder andere Phosphorsäureester, wie z. B. einige Cofermente, ferner die Adenosindi- und -triphosphorsäure (abgekürzt als ADP und ATP) haben wichtige Funktionen im Stoffwechsel zu erfüllen. Neben der „Orthophosphorsäure", H_3PO_4, existieren noch weitere Säuren, die sich ebenfalls vom fünfwertigen Phosphor ableiten, und die zweckmäßig als Polyphosphorsäuren bezeichnet werden. Sie können aus der Orthophosphorsäure durch Wasserabspaltung aufgebaut werden, z. B. nach:

$$\mathrm{HO{-}\overset{\overset{\Large O}{\|}}{\underset{\underset{\Large OH}{|}}{P}}\boxed{{-}OH + H}O{-}\overset{\overset{\Large O}{\|}}{\underset{\underset{\Large OH}{|}}{P}}{-}OH \rightarrow HO{-}\overset{\overset{\Large O}{\|}}{\underset{\underset{\Large OH}{|}}{P}}{-}O{-}\overset{\overset{\Large O}{\|}}{\underset{\underset{\Large OH}{|}}{P}}{-}OH}$$

Diphosphorsaure, $H_4P_2O_7$

Bei der Wasserabspaltung zwischen drei Molekülen Orthophosphorsäure erhält man Triphosphorsäure:

$$\mathrm{HO{-}\overset{\overset{\Large O}{\|}}{\underset{\underset{\Large OH}{|}}{P}}{-}O{-}\overset{\overset{\Large O}{\|}}{\underset{\underset{\Large OH}{|}}{P}}{-}O{-}\overset{\overset{\Large O}{\|}}{\underset{\underset{\Large OH}{|}}{P}}{-}OH}$$

Noch weitergehende Kondensation führt schließlich zu hochmolekularen Säuren der Zusammensetzung:

$$\mathrm{HO{-}\overset{\overset{\Large O}{\|}}{\underset{\underset{\Large OH}{|}}{P}}{-}O{-}\left(\overset{\overset{\Large O}{\|}}{\underset{\underset{\Large OH}{|}}{P}}{-}O\right)_n{-}\overset{\overset{\Large O}{\|}}{\underset{\underset{\Large OH}{|}}{P}}{-}OH} .$$

Bei sehr großen n entspricht die stochiometrische Zusammensetzung annähernd der Formel HPO_3. Eine monomolekulare Verbindung dieser Zusammensetzung ist jedoch nicht bekannt. Dagegen gibt es die ringförmig gebauten polymeren „Metaphosphorsäuren“ $(HPO_3)_3$ und $(HPO_3)_4$.

Charakteristisch für alle Polyphosphorsauren ist die „energiereiche“ Sauerstoffbrückenbindung zwischen zwei Phosphoratomen. Die in dieser Bindung gespeicherte Energie wird bei der Hydrolyse wieder frei, was für die Energieübertragung im Organismus mit Hilfe der Verbindungen ADP und ATP von Bedeutung ist.

Versuch Nr. 47

Unter dem Abzug wird in einer kleinen Porzellanschale eine Spatelspitze roten Phosphors entzündet und der weiße Rauch an der inneren Wand eines darüber gestulpten Trichters aufgefangen. Das nach

$$P_4 + 5\,O_2 \rightarrow P_4O_{10}$$

entstandene Phosphoroxyd (meist noch nach der stochiometrischen Zusammensetzung als Phosphorpentoxyd bezeichnet) wird darauf mit wenigen Tropfen kalten Wassers in ein Reagensglas gespült und die Lösung auf zwei Reagensgläser verteilt.

a) Zu der einen Probe gibt man schnell einen Tropfen sehr verdünntes Ammoniakwasser sowie etwas Silbernitratlosung hinzu. Es bildet sich ein weißer Niederschlag, der aus Tetrasilbertetrametaphosphat, $Ag_4(PO_3)_4$, besteht.

b) Die andere Probe wird nach Zusatz von einigen Tropfen Salpetersäure kurze Zeit gekocht. Darauf neutralisiere man die Lösung vorsichtig (Prüfung mit Universalindicatorpapier). Auf Zusatz von Silbernitrat-Lösung scheidet sich ein gelber Niederschlag von Silberorthophosphat, Ag_3PO_4, aus, der in Säuren und Ammoniak löslich ist.

Erklärung: P_4O_{10} besitzt die nebenstehende Struktur. Bei der Reaktion mit kaltem Wasser werden zunachst nur wenige P-O-P-Bindungen gelost, hierbei entsteht, wie aus der nebenstehenden Formel ersichtlich, die Tetrametaphosphorsaure. Die Aufspaltung der Sauerstoffbrückenbindungen geht schon in der Kälte langsam, in der Hitze rascher weiter; das Endprodukt dieser Hydrolyse ist Orthophosphorsaure.

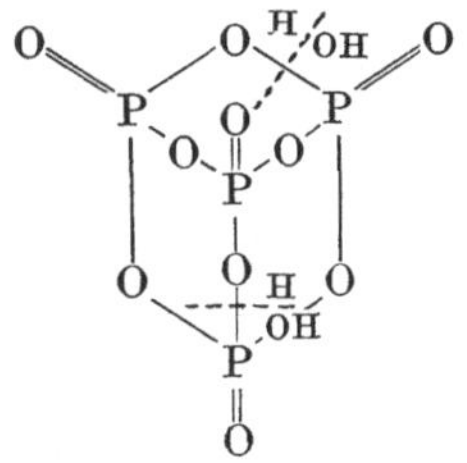

Versuch Nr. 48

2 ml einer 10%igen Ammoniummolybdatlosung werden mit dem gleichen Volumen konz. Salpetersaure vermischt. Der zwischendurch ausgefallene Niederschlag muß wieder in Lösung gegangen sein. Zu dieser Lösung fugt man wenige Tropfen einer Dinatriumhydrogenphosphat-Losung hinzu. Beim Erhitzen fallt ein gelber schwerer Niederschlag von Ammoniummolybdatophosphat, $(NH_4)_3[P(Mo_3O_{10})_4]$, aus. Die Reaktion dient zum Nachweis der Phosphorsäure.

Säurederivate

Saurederivate sind Verbindungen, in denen entweder ein Wasserstoffatom oder die OH-Gruppe durch andere einwertige Reste ersetzt sind. Beim Ersatz des Protons durch Kationen werden bekanntlich Salze erhalten. Sie entstehen bei der Auflösung eines Metalls in Saure (Vers. Nr. 30), bei der Reaktion eines

Metalloxyds mit Säuren oder auch bei der Neutralisationsreaktion (Vers. Nr. 41). Der Neutralisation ist die Veresterung einer Säure formal sehr ähnlich. Hierbei reagieren Säure und Alkohol ebenfalls unter Wasserabspaltung. Die Veresterung verläuft jedoch nicht momentan, sie ist eine Zeitreaktion, die zu einem gut meßbaren Gleichgewicht führt (Aufgabe Nr. 7, Vers. Nr. 52). Ersatz der OH-Gruppe einer Säure durch Halogen führt zu einem Säurehalogenid, während durch Austausch der OH-Gruppe gegen die NH_2-Gruppe ein Säureamid erhalten wird.

Beispiel: Derivate der Schwefelsäure. Salze: Natriumsulfat, Na_2SO_4; Natriumhydrogensulfat, $NaHSO_4$; Ester: Methylschwefelsaure, CH_3OSO_3H; Dimethylsulfat, $(CH_3)_2SO_4$; Säurechloride: Chlorsulfonsäure, $ClSO_3H$; Sulfurylchlorid, SO_2Cl_2; Säureamide. Amidosulfonsäure, NH_2SO_3H; Sulfamid, $O_2S(NH_2)_2$.

Versuch Nr. 49

Unter dem Abzug werden 3—4 Tropfen Sulfurylchlorid mit wenig Wasser übergossen. Das Säurechlorid löst sich in der Kälte langsam, in der Wärme schnell auf. Es wird hierbei aber zerstört, da bei der Reaktion mit Wasser — Hydrolyse — Schwefelsäure und Salzsäure gebildet werden. Nach erfolgter Hydrolyse ist der unangenehme Geruch des Säurechlorids verschwunden. Weise die entstandene Schwefelsäure und Salzsäure nach. Formuliere die Hydrolysegleichung!

Versuch Nr. 50

Eine Spatelspitze Amidosulfonsäure wird in wenig Wasser gelöst und zu der Lösung einige Tropfen $BaCl_2$-Lösung gefügt; die Lösung bleibt klar. Auf Zusatz von einigen Tropfen Natriumnitrit-Lösung scheidet sich Bariumsulfat aus, da die Amid-Gruppe durch Salpetrige Säure zerstört wird, hierbei entstehen Schwefelsäure und Stickstoff.

$$\begin{array}{c} \boxed{O \quad H_2} \\ \| \\ \boxed{N + N} \\ | \qquad | \\ OH \quad SO_3H \end{array} \rightarrow N_2 + H_2O + H_2SO_4\,.$$

Versuch Nr. 51

Stelle das Gerät nach Abb. 8 zusammen. In *a* wird eine Spatelspitze Harnstoff (Diamid der Kohlensäure) in wenig Wasser gelöst und mit einigen ml verd. HCl angesäuert. In *b* wird eine Calciumhydroxyd-Lösung eingefüllt. Nun versetzt man die Harnstofflösung mit einigen ml Natriumnitrit. Es setzt eine lebhafte

Stickstoffentwicklung ein, gleichzeitig entweicht Kohlendioxyd, das in *b* als Calciumcarbonat nachgewiesen wird. Stelle die Reaktionsgleichung auf!

Carbonsäuren

Carbonsauren sind organische Verbindungen, welche die charakteristische Carboxylgruppe, $-C\begin{smallmatrix}/\!\!/O \\ \backslash OH\end{smallmatrix}$, enthalten. Die saure Reaktion beruht auf der Abdissoziation des in der Carboxylgruppe gebundenen Wasserstoffatoms. Bei den meisten Carbonsauren liegt das Dissoziationsgleichgewicht auf der Seite der undissoziierten Verbindungen, so daß die Carbonsäuren in der Regel nur schwache Säuren sind. Nach der Anzahl der in einer Verbindung vorhandenen Carboxylgruppen bezeichnet man die Carbonsäuren auch als 1-, 2- und mehrwertig. Alle Carbonsäuren, in denen die Carboxylgruppe an einen aliphatischen Rest $R = C_nH_{2n+1}-$ gebunden ist, heißen „Fettsäuren". Die wichtigsten Säurederivate der Carbonsäuren sind die Ester, Säurehalogenide und Säureamide; sie entstehen durch Umwandlung des in der Carboxylgruppe gebundenen Hydroxyls. Der hierbei intaktbleibende Rest $R-C\begin{smallmatrix}/\!\!/O \\ \backslash\end{smallmatrix}$ wird als „Acyl" bezeichnet. Der Name des jeweiligen Acyls wird meist durch den Namen der Säure gebildet, an den man die Endung -yl anhängt, z. B. Acetyl für CH_3CO- und Benzoyl für $C_6H_5-C\begin{smallmatrix}/\!\!/O \\ \backslash\end{smallmatrix}$.

Versuch Nr. 52

Eine Spatelspitze Natriumacetat wird mit 2 ml Äthylalkohol übergossen und das Gemisch nach Zusatz von wenigen Tropfen konz. Schwefelsäure vorsichtig erwärmt. Es bildet sich Essigsäureäthylester, der an seinem obstartigen Geruch erkannt wird. Die Schwefelsäure erfüllt hierbei zwei Aufgaben. 1. Freisetzung der Säure aus dem Salz, 2. Begünstigung der Wasserabspaltung zwischen Alkohol und Saure, da sie sehr hygroskopisch ist.

$$2CH_3COONa + H_2SO_4 \rightarrow 2CH_3COOH + Na_2SO_4$$

$$CH_3\cdot C\begin{smallmatrix}/\!\!/O \\ \backslash \boxed{OH\ \ H}\end{smallmatrix}OC_2H_5 \quad + \quad \xrightarrow{-H_2O} CH_3-\overset{\overset{\Large O}{\|}}{C}-OC_2H_5\,.$$

Versuch Nr. 53

Mit Hilfe der Saurechloride läßt sich der Acylrest leicht in solche organische Verbindungen einführen, die leicht bewegliche Wasserstoffatome besitzen, wie z. B. Carbonsäuren, Alkohole und Amine. Man macht hiervon häufig Gebrauch, um die vorstehend genannten Verbindungen aus Lösungen abzuscheiden oder um sie zu charakterisieren. Die Acyl-Verbindungen sind häufig schwerlöslich, dabei kristallisieren sie gut. Die „Acylierung" erfolgt besonders glatt in alkalischer Lösung, da der bei der Reaktion gebildete Chlorwasserstoff durch Alkali gebunden wird.

Zu 1 ml Anilin fügt man unter dem Abzug tropfenweise Benzoylchlorid, wobei eine lebhafte Reaktion eintritt. Die Reaktion ist beendet, wenn bei weiterem Zusatz des Benzoylchlorids keine Wärmetönung mehr eintritt. Dazu muß man etwas mehr als das gleiche Volumen Säurechlorid zufügen. Unter Wasserkuhlung versetzt man dann mit der fünffachen Menge Wasser, wobei sich viel festes Benzanilid abscheidet. Der Niederschlag wird abfiltriert und aus wenig heißem Wasser umkristallisiert (vgl. Vers. 20). Von den zwischen Filtrierpapier gut getrockneten Kristallen wird der Schmelzpunkt bestimmt.

$$C_6H_5C\begin{matrix}\nearrow O\\ \searrow Cl\end{matrix} + 2\,C_6H_5NH_2 \rightarrow C_6H_5\overset{\overset{\displaystyle O}{\|}}{C}—NH—C_6H_5 + [C_6H_5\,NH_3]\,Cl\,.$$

Aufgabe Nr. 13

Formuliere die Gleichungen für die Umsetzung von Acetylchlorid mit Äthylalkohol und Natriumacetat. Welche Verbindungen entstehen hierbei?

Organische Stickstoffbasen

Derivate des Ammoniaks, in denen die Wasserstoffatome durch Alkyl- oder Aryl-Gruppen ersetzt sind, werden Amine genannt. Je nach der Anzahl der ersetzten Wasserstoffatome bezeichnet man die Verbindungen als primäre, sekundäre oder tertiäre Amine. Primare Amine haben hiernach die Formel $R\,NH_2$, sekundare Amine: R_2NH, und tertiäre Amine: R_3N.

Alle Amine reagieren mehr oder weniger stark basisch. Die basische Reaktion beruht — wie im Ammoniak — auf dem Vorhandensein eines einsamen Elektronenpaares am N-Atom, an das sich die Protonen des Wassers anlagern (Protonenakzeptor!). In entsprechender Weise werden mit Säuren Salze gebildet. Die Akzeptoreigenschaft des Stickstoffatoms bleibt auch erhalten, wenn das N-Atom in organische Ringverbindungen eingebaut ist; Pyridin N⟨ ⟩ und Piperidin HN⟨H⟩ sind z. B. Basen. Auf der Anwesenheit solcher „Ring-Stickstoffatome" beruht auch die alkalische Reaktion der Alkaloide.

Versuch Nr. 54

Prüfe waßrige Lösungen von Anilin und Pyridin auf ihre Reaktion gegen Indicatorpapier. Darauf gebe man zu beiden Losungen einige Tropfen $FeCl_3$-Lösung, es fällt Eisenhydroxyd, $Fe(OH)_3$, aus.

Versuch Nr. 55

Einige Tropfen Anilin werden mit wenigen Tropfen konz. Salzsäure versetzt; hierbei scheidet sich festes salzsaures Anilin ab:

$$C_6H_5NH_2 + HCl \rightarrow [C_6H_5NH_3]^+Cl^-.$$

Lose das Salz in Wasser und füge nun verdunnte Natronlauge hinzu. Das Anilin ist nicht gut wasserlöslich, es wird als trübe Emulsion wieder ausgeschieden.

Versuch Nr. 56

Einige Kriställchen salzsauren Äthylamins werden im Becherglas mit wenig verdünnter Natronlauge übergossen. Beim Erwärmen entweicht freies Äthylamin, das an seinem eigenartigen Geruch erkannt und mit Hilfe eines feuchten Streifens Indicatorpapier (wie bei Vers. Nr. 35) nachgewiesen wird.

$$[C_2H_5NH_3]Cl + NaOH \rightarrow C_2H_5NH_2\uparrow + NaCl + H_2O\,.$$

Kapitel V

p_H-Wert — Pufferlösung — Löslichkeitsprodukt

p_H-Wert

Der Ablauf vieler Reaktionen ist in starkem Maße von der Wasserstoffionenkonzentration abhängig, so daß eine genaue Kenntnis der jeweils herrschenden $[H^+]$ für viele Zwecke sehr wichtig ist. Da die H^+-Konzentration selbst sehr verschiedene, sich um viele Zehnerpotenzen unterscheidende Werte annehmen kann und in den praktisch wichtigen Fällen die Wasserstoffionenkonzentration zudem nur sehr klein ist, ist es unpraktisch, mit der Wasserstoffionenkonzentration selbst zu rechnen. Als international vereinbartes Maß zur Angabe der Saurestärke einer Lösung wurde daher der p_H-Wert eingeführt. Hierunter versteht man den mit -1 multiplizierten dekadischen Logarithmus der Wasserstoffionenkonzentration; es gilt laut Definition:

$$p_H = -\log[H^+].$$

In reinem Wasser ist $[H^+] = 10^{-7}$, sein p_H-Wert ist demnach 7, denn der Logarithmus von 10^{-7} ist gleich -7, der negative Logarithmus also $= -(-7) = 7$. Für saure Lösungen folgt: $p_H < 7$; fur basische dagegen: $p_H > 7$.

Liegt die Wasserstoffionenkonzentration außerhalb einer glatten Zehnerpotenz, so erfolgt die Bestimmung des p_H-Wertes mit Hilfe der Logarithmentafel.

Beispiel: Die Wasserstoffionenkonzentration betrage 0,0139g/l. $\log[H^+] = \log(0{,}0139) = 0{,}143 - 2 = -1{,}857 \sim -1{,}86$.
Da $p_H = -\log[H^+]$, folgt: $p_H = -(-1{,}86) = \mathit{1{,}86}$.
Bei starken Säuren ist die Angabe des p_H-Wertes einfach, da – jedenfalls in sehr verdünnten Lösungen – praktisch 100%ige Dissoziation erfolgt. Die Konzentration der Wasserstoffionen ist damit auch gleich der Konzentration der Gesamtsäure. Der p_H-Wert einer 0,001 N Salzsäure ist also 3, da $[H^+] = 10^{-3}$ ist; der p_H-Wert einer 0,01 N HCl-Lösung entsprechend 2, denn $[H^+] = 0{,}01 = 1/100 = 10^{-2}$)*.

Die Berechnung des p_H-Wertes von schwachen Säuren setzt die Kenntnis der Säurekonzentration und der Dissoziationskonstante K_s voraus.

Beispiel: Die Berechnung des p_H-Wertes einer 0.1 N-Essigsaure ($K_s = 1{,}8 \cdot 10^{-5}$) erfolgt mit Hilfe des MWG.

Es gilt:

$$\frac{[H^+] \cdot [CH_3COO^-]}{[CH_3COOH]} = 1{,}8 \cdot 10^5 .$$

Die Konzentration des undissoziierten Teiles der Säure ist gleich der Gesamtkonzentration – Konzentration des dissoziierten Teiles. Folglich ist $[CH_3COOH] = 0{,}1 - [H^+]$. Weiterhin ist $[CH_3COO^-] = [H^+]$, da bei der Dissoziation auf ein Proton auch ein Acetat-Ion entsteht. Einsetzen dieser Werte für $[CH_3COO^-]$ und $[CH_3COOH]$ in die Formel des MWG ergibt:

$$\frac{[H^+]^2}{0{,}1 - [H^+]} = 1{,}8 \cdot 10^{-5} .$$

* Die Berechnung des p_H-Wertes aus der Konzentration ist exakt nur fur sehr verdunnte Losungen zulassig. Bei konzentrierteren Losungen muß anstelle von Konzentrationen mit den *Aktivitaten* gerechnet werden. Sie werden durch Multiplikation der Konzentrationen mit den Aktivitatskoeffizienten erhalten. Siehe hierzu die Lehrbucher der Physikalischen Chemie.

$[H^+]$ ist nun im Vergleich zu 0,1 außerordentlich klein. Die Überlegung zeigt, daß dieses additive Glied vernachlässigt werden kann, ohne daß die Genauigkeit darunter wesentlich leidet. Hieraus folgt:

$$[H^+]^2 = 0{,}1 \cdot 1{,}8 \cdot 10^{-5} = 1{,}8 \cdot 10^{-6} \qquad \text{und}$$

$$[H^+] = \sqrt{1{,}8 \cdot 10^{-6}} = 1{,}34 \cdot 10^{-3}$$

$$p_H = 2{,}87\,.$$

Die experimentelle Bestimmung des p_H-Wertes ist praktisch leicht durchführbar. Sie erfolgt entweder colorimetrisch mit Hilfe geeigneter Indicatorfarbstoffe oder noch genauer durch eine potentiometrische Messung unter Verwendung der Glaselektrode (Näheres hierzu siehe in den Lehrbüchern der Physikalischen Chemie). Aus dem gemessenen p_H-Wert läßt sich leicht auch die Wasserstoffionenkonzentration angeben.

Beispiel: Der p_H-Wert wurde zu 3,3 gemessen. Da

$$p_H = -\log[H^+],$$

ist

$$\log[H^+] = -3{,}3 = 0{,}70-4.$$

Diesem Logarithmus gehört die Zahl 0,000501 zu. Folglich ist $[H^+] = 0{,}000501 = $ *5,01 · 10⁻⁴*.

Aufgabe Nr. 14a

Berechne die p_H-Werte folgender Säuren: 0,0001 N HNO_3; 0,1 N HCl; 0,001 N $HClO_4$ und 0,00001 N H_2SO_4.

Aufgabe Nr. 14b

Berechne den p_H-Wert einer verdünnten Saure, die in 1 l 0,0036 g (0,0421; 0,000623; 0,0278) Wasserstoffionen enthält.

Aufgabe Nr. 15

Berechne die Wasserstoffionenkonzentration und den p_H-Wert in 1N Essigsäure sowie in einer 0,1N Ammoniak-Lösung. $K_B = 1{,}8 \cdot 10^{-5}$, $K_W = 10^{-14}$.

Versuch Nr. 57

Stelle durch Verdünnen von 1N Essigsäure eine 0,1N und eine 0,01N Essigsäure her; am einfachsten, indem im 10 ml-Meßzylinder 1 ml der Ausgangssäure mit Wasser auf 10 ml aufgefüllt, das andere Mal 1 ml der Ausgangssäure mit Wasser auf 100 ml aufgefüllt wird. Bestimme die p_H-Werte der Lösungen mit einem geeigneten Indicatorpapier (Lyphan-Papier oder Oxyphen-Papier). Berechne hieraus die Wasserstoffionenkonzentration, die Dissoziationskonstante und den Dissoziationsgrad α (s. S. 19) der Essigsaure. Vergleiche die Werte!

Pufferlösung

Mischungen von schwachen Säuren mit ihren gutlöslichen Salzen zeigen eine bemerkenswerte Eigenschaft: sie fangen zugesetzte Sauren oder auch Basen ab, so daß sich der p_H-Wert solcher Gemische praktisch kaum ändert. Man sagt daher auch, die zugesetzten Hydronium- oder Hydroxylionen werden „weggepuffert". Diese Erscheinung läßt sich mit Hilfe des MWG gut verstehen, wie ein einfaches Zahlenbeispiel an einem Essigsäure-Acetat-Puffer zeigen möge. Die Konzentration eines Essigsäure-Acetat-Puffergemisches sei sowohl an Acetationen als auch an undissoziierter Saure 1 N. Da bei der einwertigen Essigsäure ($K_s = 1{,}8 \cdot 10^{-5}$) Normalität = Molarität, lautet das MWG:

$$\frac{[H^+] \cdot [CH_3COO^-]}{[CH_3COOH]} = \frac{[0{,}000018] \cdot [1]}{[1]} .$$

Nimmt man 100 ml des Puffergemisches und fugt man dieser Menge gerade 1 ml 1 N HCl hinzu, so würde ohne die Anwesenheit der beiden Stoffe die neue H^+-Ionenkonzentration in den 100 ml auf Grund der Verdünnung 1:100 gerade 0,01 N betragen. Nach Maßgabe des MWG ist dies wegen der kleinen Dissoziationskonstante der Essigsäure jedoch nicht möglich. Die zugefügten H^+-Ionen werden vielmehr mit den Acetationen aus dem Vorrat des Puffergemisches zu undissoziierter Essigsäure zusammentreten, bis sich das Dissoziationsgleichgewicht der Essigsäure wieder eingestellt hat. Das ist der Fall, wenn fast alle zugefügten Protonen weggepuffert wurden. Dadurch wird die $[CH_3COO^-]$ um 0,01 verringert, die Konzentration an undissoziierter Essigsäure gleichzeitig um dieselbe Menge vermehrt. Folglich gilt:

$$\frac{[H^+] \cdot [0{,}99]}{[1{,}01]} = 1{,}8 \cdot 10^{-5}; \; [H^+] = 1{,}84 \cdot 10^{-5} .$$

Statt auf $1 \cdot 10^{-2}$ ist die H^+-Ionenkonzentration demnach nur von $1{,}8 \cdot 10^{-5}$ auf $1{,}84 \cdot 10^{-5}$ gestiegen. Sie ist also praktisch unverandert geblieben.

Für die Berechnung des p_H-Wertes eines Puffergemisches, welches aus einer schwachen einwertigen Säure und ihrem Alkalisalz besteht und deren Totalkonzentrationen gegeben sind, eignet sich folgende Beziehung:

$$p_H = -\log K_s + \log \frac{[\text{Salz}]}{[\text{Saure}]} .$$

Hieraus ist ersichtlich, daß bei gleicher Salz- und Säurekonzentration, da log 1 = 0, $p_H = -\log K_s$ oder $p_H = pK_s$* wird. Diese Beziehung ermöglicht es, für jedes gewünschte p_H-Gebiet ein Puffergemisch anzusetzen. Man braucht dazu nur eine Säure auszuwählen, deren negativer Logarithmus der Dissoziationskonstante = pK_s den gleichen Wert besitzt wie der p_H-Wert, dessen zugehörige Wasserstoffionenkonzentration aufrechterhalten werden soll. Die äquimolare Mischung von Säure und Salz stellt man her, indem man die Hälfte der Natronlaugenmenge, die zur Neutralisation einer bestimmten Säuremenge erforderlich ist, mit der gleichen Säuremenge vermischt. Pufferlösungen werden häufig in der Physiologischen Chemie gebraucht, um Reaktionen bei bestimmten und konstanten p_H-Werten ablaufen zu lassen. Der p_H-Wert des Blutes wird durch Hydrogencarbonat- und Phosphat-Puffergemische aufrechterhalten.

Versuch Nr. 58

Im Meßzylinder werden je 10 ml 1 N Essigsäure und 1 N Natriumacetat-Lösung abgemessen und in ein Becherglas gegossen. Nachdem die Lösung gut durchmischt wurde, verteilt man das Puffergemisch gleichmäßig auf zwei Reagensgläser. In zwei weitere Reagensgläser werden je 10 ml Wasser gefüllt. Darauf wird in allen vier Proben mit Hilfe von Universalindicatorpapier der p_H-Wert bestimmt und notiert. Nun fügt man jeweils zu der einen Pufferlösung und der einen Wasserprobe je ein ml 1 N HCl und darauf zu den beiden anderen Proben 1 ml 1 N NaOH. Messe erneut die p_H-Werte der Lösungen und vergleiche sie mit den vorher gefundenen. Erkläre die Befunde!

Aufgabe Nr. 16

Wie ändert sich der p_H*-Wert, wenn 1 ml 1 N Schwefelsäure a) zu 100 ml 0,1 N Essigsäure, b) zu 100 ml einer Pufferlösung aus 0,1 N Essigsäure und 0,1 N Natriumacetat gefügt werden? Die Dissoziationskonstante der Essigsäure ist* $1{,}8 \cdot 10^{-5}$.

Löslichkeitsprodukt

Das Massenwirkungsgesetz ist in der bisher beschriebenen Form nur auf Reaktionen anwendbar, die in einer homogenen Phase (Gase und Lösungen) ablaufen. Für heterogene Reaktionen, bei denen z. B. ein fester Stoff mit gelösten Bestandteilen im Gleichgewicht steht, gilt das MWG in etwas abgewandelter Form. Als

* $-\log K_s = pK_s$

Beispiel für eine derartige Gleichgewichtsreaktion soll der Lösevorgang eines schwerlöslichen Salzes betrachtet werden. Hierzu stelle man sich eine gesättigte wäßrige Lösung des schwerloslichen Silberchlorids vor, in der noch ungelöstes AgCl als Bodenkörper vorhanden ist. Das Lösungsgleichgewicht läßt sich in zwei Teilreaktionen zerlegen: zunächst wird das feste kristallisierte (AgCl) mit den undissoziierten, gelösten AgCl-Molekülen im Gleichgewicht stehen:

$$(\mathrm{AgCl}) \rightleftharpoons \mathrm{AgCl}.$$

Gleichzeitig herrscht aber zwischen dem gelösten AgCl und seinen dissoziierten Ionen Ag^+ und Cl^- Gleichgewicht. Für dieses Dissoziationsgleichgewicht gilt:

$$\mathrm{AgCl} \rightleftharpoons \mathrm{Ag}^+ + \mathrm{Cl}^-.$$

Da sich der zweite Vorgang in der homogenen Phase abspielt, kann hierauf das MWG zur Anwendung kommen:

$$\frac{[\mathrm{Ag}^+] \cdot [\mathrm{Cl}^-]}{[\mathrm{AgCl}_{\mathrm{gelost}}]} = K.$$

Nun ist die Konzentration des gelösten, undissoziierten AgCl aber konstant, da eine gesattigte Lösung vorliegt (die Sättigungskonzentration ist für jeden Stoff bei einer bestimmten Temperatur konstant). Sie kann daher mit in die Gleichgewichtskonstante K einbezogen werden. Die sich hieraus ergebende neue Konstante $=$ $= [\mathrm{AgCl}_{\mathrm{gesattigt}}] \cdot K$ wird als $L =$ Löslichkeitsprodukt bezeichnet.

$$[\mathrm{Ag}^+] \cdot [\mathrm{Cl}^-] = L_{\mathrm{AgCl}}.$$

Allgemein gilt: *Das Löslichkeitsprodukt ist das Ionenprodukt der gesättigten Salz-Lösung.* Hieraus folgt, daß ein Salz aus seiner Lösung ausfällt, sobald das Produkt seiner Ionen-Konzentrationen den Wert des Löslichkeitsproduktes überschreitet. Umgekehrt wird sich ein Stoff wieder auflösen, wenn durch Verdünnen oder aber durch Zusatz eines Reagens sein Löslichkeitsprodukt unterschritten wird (Vers. Nr. 60, 61).

Die Löslichkeitsprodukte für die meisten Salze sind bekannt; es läßt sich hieraus die Löslichkeit eines Salzes bzw. die Ionenkonzentration in gesättigten Lösungen leicht berechnen. Für die molare Löslichkeit binärer Elektrolyte A B, die in je ein Kation und ein Anion dissoziieren, gilt, da $[\mathrm{A}^+] = [\mathrm{B}^-]$:

$$[\mathrm{A}^+] = [\mathrm{B}^-] = \sqrt{L}.$$

Für die Ionen-Konzentrationen von AB_2-Verbindungen folgt:

$$[A^+] = \frac{L}{[B^-]^2} \quad \text{und} \quad [B^-] = \sqrt{\frac{L}{[A^+]}}.$$

Für die molare Löslichkeit dieser Verbindungen gilt:

$$\text{Molare Löslichkeit} = \sqrt[3]{\frac{L}{4}}.$$

Beispiel 1. Berechne die in g pro Liter ausgedrückte Löslichkeit von Calciumoxalat in reinem Wasser unter der Annahme, daß der gelöste Anteil des Salzes vollkommen dissoziiert ist. Das Löslichkeitsprodukt von Calciumoxalat, CaC_2O_4, ist $1{,}8 \cdot 10^{-9}$.

$$L_{CaC_2O_4} = [Ca^{2+}] \cdot [C_2O_4^{2-}] = 1{,}8 \cdot 10^{-9}.$$

In reinem Wasser ist $[Ca^{2+}] = [C_2O_4^{2-}]$, daraus folgt

$$[Ca^{2+}] = [C_2O_4^{2-}] = \sqrt{1{,}8 \cdot 10^{-9}}.$$

Die molare Löslichkeit ist demnach:

$$= \sqrt{1{,}8 \cdot 10^{-9}} \text{ mol/l}$$
$$= 128{,}1 \sqrt{1{,}8 \cdot 10^{-9}}$$
$$= 5{,}4 \cdot 10^{-3} \text{ g/l}.$$

Beispiel 2. Es soll der p_H-Wert berechnet werden, bei dem aus einer 0,1 N Mg^{2+}-Salzlösung Magnesiumhydroxyd, $Mg(OH)_2$, ausfällt. Das Löslichkeitsprodukt von $Mg(OH)_2$ beträgt 10^{-11}.

$$L_{Mg(OH)_2} = [Mg^{2+}] \cdot [OH^-]^2 = 10^{-11},$$

folglich ist:

$$[OH^-]^2 = \frac{L}{[Mg^{2+}]} \quad \text{und}$$

$$[OH^-] = \sqrt{\frac{L}{[Mg^{2+}]}}$$

$$[OH^-] = \sqrt{\frac{10^{-11}}{10^{-1}}} = \sqrt{10^{-10}} = 10^{-5}.$$

Die OH^--Ionenkonzentration, bei der die Fällung des $Mg(OH)_2$ beginnt, ist demnach 10^{-5}. Mit Hilfe des Ionenproduktes des Wassers errechnet sich die Wasserstoffionenkonzentration zu:

$$[H^+] = \frac{K_W}{[OH^-]} = \frac{10^{-14}}{10^{-5}} = 10^{-9}$$

$$p_H = 9.$$

Versuch Nr. 59

Neutralisiere im Becherglas etwa 5 ml ungefahr 2N $HClO_4$ mit verdünnter Kalilauge. Der Niederschlag von $KClO_4$ wird abfiltriert und mehrmals auf dem Filter mit Wasser ausgewaschen. Darauf löst man das Kaliumperchlorat in heißem Wasser und läßt danach erkalten. Beim Erkalten scheidet sich der größte Teil des Salzes wieder aus. Die gesättigte Lösung wird erneut filtriert und auf 3 Reagensgläser gleichmäßig verteilt. Zu der ersten Probe setzt man konzentrierte KOH, zu der zweiten $HClO_4$ und zu der dritten etwas gesättigte Kochsalzlösung hinzu. In den beiden ersten Fällen scheidet sich erneut $KClO_4$ ab, dagegen nicht mit Natriumchlorid. Welche Erklärung kann gegeben werden?

Versuch Nr. 60

Zu einigen ml der ausstehenden Magnesiumchlorid-Lösung setzt man verdünntes Ammoniakwasser hinzu. Es entsteht eine Fällung von $Mg(OH)_2$, die auf Zusatz von Ammoniumchlorid-Lösung wieder verschwindet. Erkläre die Auflösung des Magnesiumhydroxyds bei Zusatz von Ammoniumchlorid.

Versuch Nr. 61

Etwas Zinksulfatlösung wird mit Ammoniumsulfid-Lösung versetzt. Es fällt ein weißer Niederschlag von Zinksulfid, ZnS, aus.

$$Zn^{2+} + S^{2-} \rightleftharpoons ZnS \downarrow .$$

Beim Ansauern mit verdünnter Mineralsäure geht Zinksulfid in Lösung.

In neutraler und ammoniakalischer Lösung wird das Löslichkeitsprodukt des Zinksulfids,

$$[Zn^{2+}] \cdot [S^{2-}] = L$$

überschritten; es fällt also aus. Die Auflösung beim Zusatz von Säuren läßt sich nach dem MWG verstehen. Schwefelwasserstoff ist nur eine außerordentlich schwache Säure, deren beide Dissoziationskonstanten sehr kleine Werte haben.

$$\frac{[H^+]^2 \cdot [S^{2-}]}{[H_2S]} = K_1 \cdot K_2 .^*$$

Durch die zugefügten Protonen wird die Konzentration der S^{2-}-Ionen so weit zurückgedrängt, daß das Löslichkeitsprodukt

* Diese Beziehung wurde durch Multiplikation der MWG-Ausdrücke für die 1. und 2. Dissoziationsstufe des Schwefelwasserstoffs erhalten.

unterschritten wird und Zinksulfid wieder in Lösung geht. Aus einer mineralsauren Zinksalzlösung kann daher mit Schwefelwasserstoff kein Zinksulfid ausfallen.

Versuch Nr. 62

Für die qualitative Analyse der anorganischen Stoffe ist es von Bedeutung, daß alle Kationen mit Hilfe des Schwefelwasserstoffes in drei große analytische Gruppen eingeteilt werden können. Die Schwefelwasserstoff-Gruppe setzt sich aus den Metallen zusammen, die in mineralsaurer Lösung schwerlösliche Sulfide bilden. Die Löslichkeitsprodukte dieser Metallsulfide sind folglich sehr klein. In der Schwefelammonium-Gruppe werden die Elemente zusammengefaßt, deren Sulfide nur in neutraler oder ammoniakalischer Lösung ausfallen. In der dritten Gruppe schließlich stehen alle Metalle, die überhaupt keine schwerlöslichen Sulfide bilden und die daher bei Zusatz des Reagens, $(NH_4)_2S$, auch in ammoniakalischem Medium in Lösung bleiben.

Es werden jeweils wenige Kristalle folgender Salze: $MnSO_4$, $CdCl_2$, $NiSO_4$, $CaCl_2$, $FeSO_4$, $SbCl_3$, $Al_2(SO_4)_3$, KNO_3, $CuSO_4$, $HgCl_2$, einzeln in 10 verschiedene Reagensgläser gegeben. Mit Ausnahme des Antimontrichlorids löst man alle Salze in 3—4 ml Wasser, das $SbCl_3$ dagegen in verdünnter Salzsäure. Nun wird zu jeder Salzlösung — das $SbCl_3$ ausgenommen —, 1 ml konz. HCl und darauf nach Durchmischen etwas H_2S-Wasser gefügt. Bei den Metallen, die analytisch in die Schwefelwasserstoffgruppe gehören, scheidet sich ein Sulfidniederschlag ab. Schreibe die in die H_2S-Gruppe gehörigen Elemente auf und formuliere die Reaktionsgleichungen der Sulfidfällungen. Nun fügt man zu den klargebliebenen Proben konz. Ammoniakwasser bis zur ammoniakalischen Reaktion hinzu. Die Metalle der $(NH_4)_2S$-Gruppe fallen jetzt aus. Notiere das Ergebnis und gib die Gleichungen für die Sulfidfällungen an. Welche der untersuchten Metalle bilden auch in ammoniakalischer Lösung keine schwerlöslichen Sulfide? Der aus der Aluminiumsalz-Lösung abgeschiedene Niederschlag ist kein Aluminiumsulfid, sondern Aluminiumhydroxyd, $Al(OH)_3$. Erkläre diese Erscheinung auf Grund der Hydrolyse.

Aufgabe Nr. 17

Mit wieviel Wasser darf eine Calciumoxalat-Fallung gewaschen werden, damit höchstens 0,4 mg CaC_2O_4 *in Lösung gehen?*

$$L_{CaC_2O_4} = 1{,}8 \cdot 10^{-9}.$$

Aufgabe Nr. 18

Berechne die maximale Konzentration an Mg^{2+}-Ionen in einer Lösung, die in 100 ml 10 ml 25%iges Ammoniak von der Dichte 0,91 und 2 g Ammoniumchlorid enthält. $L_{Mg(OH)_2} = 4 \cdot 10^{-11}$; $K_B = 1{,}8 \cdot 10^{-5}$.

Kapitel VI

Oxydation — Reduktion — Elektrochemische Spannungsreihe

Oxydation — Reduktion

Unter Oxydation verstand man ursprünglich die Aufnahme von Sauerstoff, wie sie z. B. bei der Verbrennung des Magnesiums zu Magnesiumoxyd (Vers. Nr. 2) erfolgt. Ein Vergleich dieser Reaktion mit der Verbrennung des Zinks oder Antimons in elementarem Chlor (Vers. Nr. 8) läßt indessen schon äußerlich eine große Verwandtschaft zwischen beiden Reaktionsabläufen erkennen. Nach den heutigen Vorstellungen vom Bau der Atome und der Natur der chemischen Bindung (vgl. S. 7) handelt es sich in der Tat um wesensgleiche Vorgänge, die darauf beruhen, daß von dem metallischen Element — Mg bzw. Zn — bei der Vereinigung mit dem Nichtmetall Elektronen auf das Sauerstoff- bzw. Chloratom übertragen werden. Beide Vorgänge lassen sich dabei in zwei Teilreaktionen zerlegen. Einerseits gibt das Metall Elektronen ab, wobei in diesem Fall ein zweifach positiv geladenes Kation entsteht:

a) Oxydation

$$Mg \rightarrow Mg^{2+} + 2\ominus$$

$$Zn \rightarrow Zn^{2+} + 2\ominus$$

Die Elektronen werden andererseits von dem jeweiligen Nichtmetallatom aufgenommen, wobei dieses seine äußere Elektronenschale zum stabilen Oktett ergänzt. Sauerstoff benötigt hierzu 2, wohingegen das Chloratom nur 1 Elektron aufnimmt, so daß für die Bindung der beiden vom Zn abgegebenen Elektronen gleich 2 Chloratome oder 1 Molekül Cl_2 erforderlich sind:

b) Reduktion

$$O + 2\ominus \rightarrow O^{2-}$$

$$Cl_2 + 2\ominus \rightarrow 2Cl^-.$$

Der Vorgang der *Elektronenabgabe* wird heute allgemein als *Oxydation*, der hierzu inverse — durch *Elektronenaufnahme* gekennzeichnete — Prozeß dagegen als *Reduktion* bezeichnet. Zwangsläufig ist mit der Oxydation stets eine Erhöhung der positiven

Wertigkeit verbunden, wahrend die Reduktion eines Stoffes die Erniedrigung seiner positiven Wertigkeit zur Folge hat. Beide Vorgange laufen stets nebeneinander ab, sie können nur im Zusammenhang betrachtet werden. Damit ein Stoff Elektronen abgeben kann, muß stets ein anderer zugegen sein, der sie aufnimmt. Dabei ist die Summe der abgegebenen stets gleich der Summe der aufgenommenen Elektronen.

Oxydations- und Reduktionsmittel. Als Oxydationsmittel wirken ganz allgemein solche Stoffe, die eine Neigung zur Aufnahme von Elektronen haben. Von den elementaren Stoffen sind dies außer Sauerstoff vor allem die Halogene: Fluor, Chlor, Brom und Jod. Daneben sind es vielfach Verbindungen, die leicht Sauerstoff abgeben, wie z. B. Wasserstoffperoxyd, Kaliumpermanganat, Kaliumdichromat, Salpetersaure u. a. m. Schließlich wirken auch hochgeladene Metallkationen, wie Fe^{3+} und Pb^{4+} oxydierend, da sie in der niederen Wertigkeitsstufe häufig beständiger sind. In entsprechender Weise sind Reduktionsmittel Stoffe, bei denen die Tendenz zur Abspaltung von Elektronen vorherrscht. Zu dieser Gruppe gehören die meisten Metalle, Kohlenstoff, Kohlenmonoxyd, ferner Wasserstoff und Wasserstoff abgebende Verbindungen, sowie Verbindungen von Elementen mit niederer Oxydationsstufe, die in einer höheren Oxydationsstufe beständiger sind.

Versuch Nr. 63

Etwas Schwefelwasserstoffwasser wird mit einigen Tropfen Jodlösung versetzt. Jod oxydiert die Sulfid-Ionen zu elementarem Schwefel, der sich in fein verteilter Form ausscheidet, während das Jod unter Bildung von Jodid-Ionen entfärbt wird.

$$J_2 + S^{2-} \rightarrow 2J^- + S\downarrow.$$

Versuch Nr. 64

Zu einer mit verdünnter Schwefelsaure angesäuerten Losung von Kaliumjodid fugt man einige Tropfen verdünnte Wasserstoffperoxyd-Lösung. Es scheidet sich braunes elementares Jod aus.

$$H_2O_2 + 2KJ + H_2SO_4 \rightarrow J_2 + K_2SO_4 + 2H_2O.$$

Versuch Nr. 65

Fur die Reduktion einer Arsenverbindung benutzt man ein nach Abb. 11 hergerichtetes Reagensrohr. Der Versuch ist unter dem Abzug durchzuführen! In dem Reagensglas fügt man zu etwas Arseniger Saure einige Stückchen granuliertes Zink, einen

Tropfen verdünnte Kupfersulfat-Lösung und wenig verdünnte Schwefelsäure. Das Reagensglas wird mit dem durchbohrtem Stopfen verschlossen. Nachdem sich einige Zeit Wasserstoff entwickelt hat, wird das entweichende Gas entzündet (nicht zu früh, da sonst noch Knallgas gemisch vorhanden). Der entweichende Arsenwasserstoff verbrennt mit fahlblauer Flamme zu einem weißen Rauch von Arsentrioxyd. Hält man in die Flamme eine kalte Porzellanschale, so scheidet sich ein schwarzer Fleck von metallischem Arsen ab, das sich in alkalischer H_2O_2-Lösung wieder löst (die Marshsche Probe dient zum Nachweis des Arsens bei Arsenvergiftungen).

$$H_3AsO_3 + 6H \rightarrow AsH_3\uparrow + 3H_2O.$$

Schreibe die Verbrennungsgleichung für den Arsenwasserstoff auf.

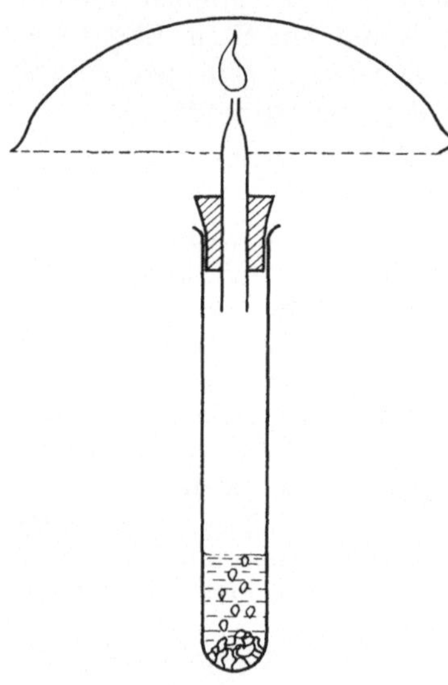

Abb. 11. Vereinfachte Marshsche Probe zum As-Nachweis

Versuch Nr. 66

Zu einigen Millilitern Schwefliger Säure fugt man im Reagensglas 2—3 Spatelspitzen Zinkstaub. Es wird etwa 5 min lang durchgeschüttelt und anschließend filtriert. Zum Nachweis des entstandenen Zinkdithionits, Zn S_2O_4, füge man etwas $AgNO_3$-Lösung hinzu, es bildet sich ein schwarzgrauer Niederschlag von schwefelhaltigem metallischem Silber. Dithionite sind starke Reduktionsmittel, H_2SO_3 allein würde Ag^+ unter diesen Bedingungen nicht zu Ag reduzieren. Das Zn-Metall hat die Schweflige Säure zu Dithionit reduziert:

$$2SO_3^{2-} + Zn + 4H^+ \rightarrow S_2O_4^{2-} + Zn^{2+} + 2H_2O.$$

Beachte hierbei, daß die Reduktion ohne die Entwicklung von Wasserstoffgas verläuft. Die Elektronen werden direkt vom Metall an das S-Atom abgegeben. Das ist bei allen Reduktionen mit Metallen der Fall. Wasserstoff als intermediäres Reduktionsmittel anzunehmen, ist nicht notwendig.

Oxydations-Reduktionsreaktionen — häufig als Redox-Reaktionen abgekürzt — erfolgen nicht nur zwischen elementaren

Stoffen, sondern weit häufiger noch zwischen komplexen Ionen und ungeladenen Molekülen. Ein weiteres Beispiel hierfür ist die Oxydation von Fe^{2+}-Ionen zu Fe^{3+}-Ionen mit Kaliumpermanganat in sauerer Lösung:

$$MnO_4^- + 5Fe^{2+} + 8H^+ \rightarrow Mn^{2+} + 5Fe^{3+} + 4H_2O.$$

Aufstellung von Redoxgleichungen. Diese zunächst nur schwer überschaubare Reaktion wird übersichtlich, wenn die Bruttogleichung in den Prozeß der Elektronenabgabe und den der Elektronenaufnahme zerlegt wird. Hierbei geht man folgendermaßen vor: Zunächst werden die Ionenwertigkeiten bzw. Oxydationszahlen (vgl. S. 10) der an dieser Umsetzung beteiligten Stoffe vor und nach der Reaktion festgestellt und miteinander verglichen. Das Eisen(II)-ion ist nach der Umsetzung +3wertig, es hat also offenbar ein Elektron abgegeben, d. h. es ist oxydiert worden:

$$Fe^{2+} \rightarrow Fe^{3+} + \ominus.$$

Hingegen hat das Manganatom vor der Reaktion im Permanganat die Oxydationszahl +7, nach dem Umsatz liegt es dagegen als +2wertiges Mn-Ion vor. Es hat durch Aufnahme von 5 Elektronen 5 positive Oxydationsstufen verloren, es ist demnach reduziert worden:

$$\overset{+7}{Mn}O_4^- + 8H^+ + 5\ominus \rightarrow Mn^{2+} + 4H_2O.$$

Da das Mangan-(II)-Ion keine Sauerstoffionen mehr zu binden vermag, müssen Protonen zugefügt werden, um die O^{2-}-Ionen in Wasser zu überführen. Ein Elektronenübergang — also eine Redoxreaktion — findet zwischen diesen beiden Stoffen (H^+ u. O^{2-}) jedoch nicht statt. Merke daher: Beim Aufstellen der Formeln für sauerstoffhaltige Oxydationsmittel sind in das linke Glied die erforderliche Anzahl Wasserstoffionen und Elektronen einzusetzen; aus den Wasserstoffionen und den vom Oxydationsmittel abgegebenen Sauerstoffionen wird Wasser gebildet.

Das richtige stöchiometrische Verhältnis, nach dem Oxydations- und Reduktionsmittel miteinander reagieren, läßt sich leicht ermitteln, wenn die Oxydations- und Reduktionsreaktion untereinander geschrieben werden und durch Multiplikation dafür gesorgt wird, daß die Summe der abgegebenen und aufgenommenen Elektronen gleich ist:

a) $Fe^{2+} \rightarrow Fe^{3+} + \ominus$ | $\times 5$

b) $\overset{+7}{Mn}O_4^- + 8H^+ + 5\ominus \rightarrow Mn^{2+} + 4H_2O$ |

$$MnO_4^- + 5Fe^{2+} + 8H^+ \rightarrow Mn^{2+} + 4H_2O + 5Fe^{3+}$$

Da ein Fe^{2+} jeweils nur ein Elektron abgibt, muß Gleichung a) mit 5 multipliziert werden. Die Bruttoformel ergibt sich einfach durch Addition der Teilgleichungen, dabei werden die Elektronen eliminiert.

Versuch Nr. 67

In schwefelsaurer Losung fuge man zu einer sehr verdünnten Kaliumpermanganat-Losung einige Tropfen einer Lösung von Eisen(II)-sulfat. Es erfolgt unter Entfärbung des MnO_4^--Ions Reduktion zu Mn^{2+}, gleichzeitig wird das zweiwertige Eisen zu dreiwertigem Eisen oxydiert. Reaktionsgleichung vorstehend.

Versuch Nr. 68

Zu einer mit 1 ml verdunnter Schwefelsaure angesauerten verdunnten $KMnO_4$-Losung fügt man einige Tropfen Oxalsaure-Losung hinzu. In der Kälte wird die Losung erst nach einiger Zeit entfarbt, dabei entwickelt sich CO_2. Weise das CO_2 mit Barytwasser, $Ba(OH)_2$, nach, das an einem Tüpfelrohr in den Gasraum über die Flüssigkeit gehalten wird In der Hitze verläuft die Reaktion schnell.

Qualitative Reaktion: $MnO_4^- + H_2C_2O_4 + H^+ \rightarrow Mn^{2+} + CO_2 + H_2O$.

$$\text{a)}\quad H_2\overset{+3}{C_2}O_4 \rightarrow 2\,\overset{+4}{C}O_2 + 2\,H^+ + 2\,\ominus \qquad \times 5$$

$$\text{b)}\quad \overset{+7}{Mn}O_4^- + 8\,H^+ + 5\,\ominus \rightarrow Mn^{2+} + 4\,H_2O \qquad \times 2$$

$$5\,H_2C_2O_4 + 2\,MnO_4^- + 16\,H^+ \rightarrow 10\,CO_2 + 2\,Mn^{2+} + 8\,H_2O + 10\,H^+$$

$$5\,H_2C_2O_4 + 2\,MnO_4^- + 6\,H^+ \rightarrow 10\,CO_2 + 2\,Mn^{2+} + 8\,H_2O$$

Versuch Nr. 69

Zu einer mit verdunnter H_2SO_4 angesauerten $KMnO_4$-Lösung wird tropfenweise eine 3%ige H_2O_2-Losung gegeben. Wasserstoffperoxyd wird zu O_2 oxydiert, während das Oxydationsmittel, MnO_4^--Ion, zu Mn^{2+}-Ion reduziert wird. Man überzeuge sich mit einem glimmenden Holzspan davon, daß das entweichende Gas tatsächlich Sauerstoff ist. Der Versuch zeigt, daß ein Oxydationsmittel, wie das H_2O_2, dann als Reduktionsmittel reagiert, wenn es selbst mit einem starkeren Oxydationsmittel in Reaktion tritt.

$$H_2\overset{-1}{O_2} \rightarrow \overset{\pm 0}{O_2} + 2\,H^+ + 2\,\ominus \qquad \times 5$$

$$\overset{+7}{Mn}O_4^- + 8\,H^+ + 5\,\ominus \rightarrow Mn^{2+} + 4\,H_2O \qquad \times 2$$

$$2\,MnO_4^- + 5\,H_2O_2 + 16\,H^+ \rightarrow 2\,Mn^{2+} + 5\,O_2 + 8\,H_2O + 10\,H^+$$

$$2\,MnO_4^- + 5\,H_2O_2 + 6\,H^+ \rightarrow 2\,Mn^{2+} + 5\,O_2 + 8\,H_2O$$

Versuch Nr. 70

Zu einer mit verdunnter Natronlauge alkalisch gemachten $KMnO_4$-Losung fügt man einige ml einer verdünnten Dinatriumsulfit-Lösung hinzu. Es scheidet sich schwerlösliches, braunes Mangandioxyd ab; das Sulfit-Ion ist dabei zum Sulfat-Ion oxydiert worden

$$\begin{array}{lll} a) & \overset{+4}{SO_3^{2-}} + H_2O \rightarrow \overset{+6}{SO_4^{2-}} + 2H^+ + 2\ominus & \times 3 \\ b) & \overset{+7}{MnO_4^-} + 4H^+ + 3\ominus \rightarrow \overset{+4}{MnO_2} + 2H_2O & \times 2 \end{array}$$

$$2\,MnO_4^- + 3\,SO_3^{2-} + 3\,H_2O + 8\,H^+ \rightarrow 2\,MnO_2 + 3\,SO_4^{2-} + 6\,H^+ + 4\,H_2O$$

$$\begin{array}{l} 2\,MnO_4^- + 3\,SO_3^{2-} + 2\,H^+ \rightarrow 2\,MnO_2 + 3\,SO_4^{2-} + H_2O \\ \qquad\qquad\qquad\quad + 2OH^- \qquad\qquad\quad + 2OH^- \end{array}$$

$$c) \quad 2\,MnO_4^- + 3\,SO_3^{2-} + H_2O \rightarrow 2\,MnO_2 + 3\,SO_4^{2-} + 2\,OH^-$$

Das Beispiel zeigt, daß die Reduktion des MnO_4^--Ions in alkalischer Lösung nur bis zur vierwertigen Oxydationsstufe des Mangans verläuft. Die im Verlauf der Umsetzung freiwerdenden Protonen werden durch die Hydroxyl-Ionen neutralisiert, so daß die Bruttogleichung c) resultiert.

Versuch Nr. 71

Zu wenigen ml einer Kaliumchloratlösung fugt man Schweflige Saure hinzu. Schweflige Säure reduziert ClO_3^- zu Cl^-; dabei wird sie zu Schwefelsäure oxydiert. Weise das entstandene Cl^- und SO_4^{2-} nach. Stelle die Bruttogleichung für die Redoxreaktion auf!

Aufgabe Nr. 19

Man ube die Aufstellung von Redoxgleichungen und gebe Bruttogleichungen fur die folgenden qualitativ beschriebenen Umsetzungen an:

a) $MnO_4^- + J^- + H^+ \rightarrow Mn^{2+} + J_2 + H_2O$

b) $Cu + NO_3^- + H^+ \rightarrow Cu^{2+} + NO + H_2O$

c) $JO_3^- + J^- + H^+ \rightarrow J_2 + H_2O$.

Oxydation organischer Moleküle. Bei organischen, wasserstoffhaltigen Verbindungen ist die Oxydation häufig mit einer Abspaltung von Wasserstoff, einer sog. *Dehydrierung*, verbunden. In diesen Fallen werden bei der Aufstellung der Gleichungen die abgespaltenen

Wasserstoffatome in Protonen und Elektronen zerlegt und diese in die rechte Seite der Reaktionsgleichung eingesetzt. Ein typisches Beispiel für eine derartige Dehydrierung ist die Oxydation von Äthylalkohol zu Acetaldehyd, die leicht mit Dichromat-Ion als Oxydationsmittel erfolgt:

a) $CH_3 \cdot CH_2OH \rightarrow CH_3CHO + 2\,H^+ + 2\,\ominus \quad | \times 3$

b) $\overset{2\ (+6)}{Cr_2O_7^{2-}} + 14\,H^+ + 6\,\ominus \rightarrow 2\,Cr^{3+} + 7\,H_2O$

$3\,CH_3CH_2OH + Cr_2O_7^{2-} + 14\,H^+ \rightarrow 3\,CH_3CHO + 6\,H^+ + 7\,H_2O + Cr^{3+}$

c) $3\,CH_3CH_2OH + Cr_2O_7^{2-} + 8\,H^+ \rightarrow 3\,CH_3CHO + 7\,H_2O + 2\,Cr^{3+}$

Versuch Nr. 72

2 ml einer verdünnten Kaliumdichromat-Lösung werden mit dem gleichen Volumen konz. Schwefelsäure versetzt und durchmischt. Zu der Mischung gibt man etwas Äthylalkohol; die Lösung färbt sich beim Kochen grün; alle Salze des dreiwertigen Chroms sind in der Siedehitze grün gefärbt. Der durch Oxydation aus dem Äthylalkohol entstandene Acetaldehyd wird an seinem stechenden Geruch erkannt. Bruttogleichung vorstehend.

Disproportionierung. Wird im Verlauf einer Reaktion ein und derselbe Stoff sowohl oxydiert als auch reduziert, so bezeichnet man diesen Vorgang als *Disproportionierung*. Bei dieser Reaktion wirkt derselbe Stoff gegenüber gleichartigen Molekülen als Oxydationsmittel, wobei er selbst reduziert wird. Da bei diesem Zerfall der Stoff nach der Umsetzung in einer — verglichen mit dem Ausgangszustand — höheren und einer niederen Wertigkeitsstufe vorliegt, können sich nur Verbindungen mittlerer Oxydationsstufen disproportionieren. Eine typische Disproportionierungsreaktion ist die Alkalireaktion der Halogene (vgl. Versuch Nr. 44).

Versuch Nr. 73

Man löse einige Kriställchen Jod in Natronlauge auf. Die Lösung entfärbt sich unter Bildung von Jodid und Hypojodit.

$$\overset{\pm 0}{J_2} + 2\,OH^- \rightarrow \overset{-1}{J^-} + \overset{+1}{J}O^- + H_2O\,.$$

Das Hypojodit-Ion ist nicht beständig und disproportioniert sich weiter zu Jodid und Jodat.

$$3\,\overset{+1}{J}O^- \rightarrow 2\,\overset{-1}{J^-} + \overset{+5}{J}O_3^-\,.$$

Beim Ansäuern fäbt sich die Lösung wieder braun, da nun umgekehrt aus den Verbindungen höherer und niederer Oxydationsstufe elementares Jod mit der mittleren Oxydationsstufe $\pm O$ entsteht

$$JO_3^- + 5J^- + 6H^+ \rightleftharpoons 3J_2 + 3H_2O.$$

Elektrochemische Spannungsreihe

Elektronenübergänge, wie sie bei Redox-Reaktionen zwischen den Oxydations- und Reduktionsmitteln erfolgen, finden auch innerhalb der Stoffgruppen der Metalle und Nichtmetalle statt. Man findet stets, daß von verschiedenen Metallen eines die größere Neigung besitzt, Elektronen abzugeben und in den Ionenzustand überzugehen, als das andere. Wird z. B. ein Kupferblech in eine Quecksilbersalz-Lösung gelegt, so scheidet sich auf der Oberfläche des Kupfers metallisches Quecksilber ab, während Kupfer als Cu^{2+}-Ion gleichzeitig in Lösung geht. Wie aus den beiden Gleichungen a) und b) ersichtlich ist, handelt es sich hierbei ebenfalls um eine Redox-Reaktion:

$$\text{a)} \quad \overset{\pm 0}{Cu} \rightarrow Cu^{2+} + 2\ominus$$

$$\text{b)} \quad Hg^{2+} + 2\ominus \rightarrow Hg.$$

Das Bestreben der Elemente, unter Abgabe von Elektronen in den geladenen Ionenzustand überzugehen, wird als Elektroaffinität bezeichnet. Je leichter von einem Metall Elektronen abgegeben werden, um so großer ist seine positive Elektroaffinität. Ordnet man die Metalle in einer Reihe nach sinkender Elektroaffinität an, so erhält man die elektrochemische „Spannungsreihe". Für die wichtigsten Vertreter sieht sie folgendermaßen aus:

K, Ca, Na, Mg, Al, Mn, Zn, Fe, Cd, Ni, Sn, Pb, $\boxed{H}$, Sb, As, Cu, Ag, Hg, Au, Pt.

Die der Spannungsreihe zugrunde liegende Gesetzmäßigkeit hat zur Folge, daß ein Metall, welches mit den Ionen eines rechts von ihm stehenden Metalls zusammenkommt, seine Elektronen an das weniger elektroaffine Kation abgibt und dieses zum Metall reduziert, während es selbst als Ion in Lösung geht. In die Spannungsreihe ist auch der Wasserstoff eingeordnet. Alle Metalle, die links von ihm stehen, sind unedler und werden daher von den Wasserstoff-Ionen, also von beliebigen Säuren, aufgelöst. Die rechts vom Wasserstoff stehenden Elemente sind edler, sie können von verdünnten, nicht oxydierenden Säuren nicht aufgelöst werden. Zu ihrer Auflosung bedarf es oxydierender Sauren, wie z. B. Salpetersäure oder heißer konzentrierter Schwefelsäure.

In entsprechender Weise zeigen die nichtmetallischen Elemente eine unterschiedliche Neigung, unter Elektronenaufnahme in den elektrisch geladenen Ionenzustand überzugehen. Kommt z. B. elementares Chlor mit Jodionen zusammen, so entreißt das Chlor dem Jodion auf Grund seiner größeren negativen Elektroaffinität das Elektron, dabei wird J^- zu elementarem Jod oxydiert.

$$\text{a)} \quad J^- \rightarrow {}^1/_2\, J_2 + \ominus$$

$$\text{b)} \quad {}^1/_2 Cl_2 + \ominus \rightarrow Cl^-$$

$$ {}^1/_2 Cl_2 + J^- \rightarrow Cl^- + J_2 .$$

Bei der Anordnung der nichtmetallischen Elemente nach fallender negativer Elektroaffinität erhält man folgende Reihe:

F, Cl, Br, J, S.

Aus ihr folgt, daß jedes Element ein rechts von ihm stehendes Ion zu oxydieren vermag.

Alle Redox-Reaktionen sind Gleichgewichtsreaktionen; die Oxydationskraft eines Oxydationsmittels hängt daher auch in charakteristischer Weise von dem Konzentrationsverhaltnis der beteiligten Ionen ab. Auf die quantitativen Zusammenhänge, sowie auf die mit Hilfe von Potentialmessungen mögliche Bestimmung des Oxydationspotentials kann hier nicht eingegangen werden. Näheres hierzu siehe in den Lehrbüchern der Anorganischen Chemie und Physikalischen Chemie!

Versuch Nr. 74a

Im Reagensglas wird ein blanker Eisennagel mit $CuSO_4$-Lösung übergossen. Auf dem Eisen schlägt sich metallisches Kupfer nieder:

$$Fe + Cu^{2+} \rightarrow Fe^{2+} + Cu.$$

Versuch Nr. 74b

Man trage etwas Eisenpulver in die $CuSO_4$-Lösung ein. Nachdem die lebhafte Reaktion beendet ist, wird filtriert und zu dem Filtrat etwas $K_3[Fe(CN)_6]$-Lösung gefügt. Durch den blauen Niederschlag ist zweiwertiges Eisen nachgewiesen.

Versuch Nr. 75

Einige Kupferspäne werden mit konz. Schwefelsäure ubergossen und erwärmt. Das Kupfer wird oxydiert und lost sich auf, gleichzeitig entweicht Schwefeldioxyd, das an seinem stechenden Geruch erkannt wird. Stelle die Reaktionsgleichung auf!

Versuch Nr. 76

Man versetze eine mit verdünnter H_2SO_4 angesäuerte KJ-Lösung tropfenweise mit Chlorwasser. Es scheidet sich braunes Jod aus, das sich beim Schütteln in etwas hinzugefügtem Chloroform mit violetter Farbe löst. Bei weiterer Zugabe von Chlorwasser wird die Lösung wieder farblos, da das Jod zu Jodat weiter oxydiert wird:

$$J_2 + 5Cl_2 + 6H_2O \rightarrow 2HJO_3 + 10HCl.$$

Versuch Nr. 77

Eine mit verdünnter H_2SO_4 angesäuerte KBr-Lösung wird tropfenweise mit Chlorwasser versetzt. Es scheidet sich elementares Brom ab, das sich mit brauner Farbe in Chloroform löst. Gib die Reaktionsgleichung an!

Kapitel VII

Komplexsalze — Der kolloide Zustand

Komplexsalze

Verbindungen, bei denen zwei Bindungspartner entweder durch einfache Elektronenübertragung oder aber durch Beteiligung an einem gemeinsamen Elektronenpaar Edelgasschalen erreicht haben, werden „Verbindungen 1. Ordnung" genannt. Beispiele hierfür sind das Kochsalz, NaCl, und das Ammoniak, NH_3. Mit der Erreichung der Edelgasschale ist die Fähigkeit der einfachen Ionen oder Moleküle, weitere Atome oder Atomgruppen zu binden, aber noch keineswegs erschöpft. Besonders sind viele Kationen imstande, unter Aufnahme von Anionen und ungeladenen Molekülen in durchaus stabile „Verbindungen höherer Ordnung" überzugehen. So können beispielsweise viele Me^{2+}-Kationen bei der Reaktion mit Kaliumcyanid — über das ladungsmäßig abgesättigte Salz $Me(CN)_2$ hinaus — weitere CN^--Ionen unter Bildung der komplexen Anionen $[Me(CN)_6]^{4-}$ anlagern; dabei entstehen Salze vom Typ $K_4[Me(CN]_6]$:

$$Me(CN)_2 + 4KCN \rightarrow K_4[Me(CN)_6].$$

Das Metallkation (Zentralatom) bildet mit den angelagerten Ionen oder Molekülen (Liganden) ein neues Anion, das häufig nicht mehr die spezifischen Reaktionen der diesen Komplex aufbauenden

Einzelionen zeigt. Dafür treten völlig neue Eigenschaften auf, die nur durch das Vorliegen eines stabilen komplexen Anions $[Me(CN)_6]^{4-}$ erklärt werden können. Von zahlreichen charakteristischen Eigenschaften, die den Nachweis für das Vorliegen eines komplexen Ions erbringen, seien nur die folgenden genannt:

1. Bei chemischen Umsetzungen geht das komplexe Ion unverändert von einem Stoff in den anderen über (Vers. Nr. 78).

2. Die elektrische Leitfähigkeit der Lösung des Komplexsalzes ist geringer als die, welche man bei vollständiger Dissoziation des Salzes in alle Einzelionen erwarten würde. Die molekulare Leitfähigkeit einer verdünnten Salzlösung ist im wesentlichen nur von der Zahl der Ionen abhängig, in die das betreffende Salz beim Lösen in Wasser dissoziiert. Leitfähigkeitsmessungen von Losungen der Salze $Me_4[Me(CN)_6]$ haben gezeigt, daß tatsächlich nur Dissoziation in 5 Ionen und nicht in 11 Ionen erfolgt.

3. Bei der Elektrolyse ist der Wanderungssinn der als Zentralatome vorliegenden Metalle geändert. Während beispielsweise das Fe^{2+}-Ion in normalen Salzen zur Kathode wandert, geht es in dem Salz $K_4[Fe(CN)_6]$ mit dem komplexen Anion an die Anode.

Es ist daher gerechtfertigt, symbolisch alle die Bestandteile in einer eckigen Klammer zusammenzufassen, die als ein neues Ganzes in die Reaktionen eingehen und dabei ihre individuelle Nachweisbarkeit weitgehend verloren haben. Sinngemäß werden die in dieser Weise zusammengesetzten Ionen als *Komplex*-Ionen, ihre Salze als Komplex-Salze bezeichnet.

Es mag zunächst merkwürdig erscheinen, daß ungeladene, scheinbar abgesättigte Verbindungen überhaupt noch weitere Liganden zu binden vermögen. Man erklärt das Zustandekommen der Komplexe durch die Ausbildung zusätzlicher koordinativer Bindungen, die von einsamen, d. h. nicht betätigten Elektronenpaaren der Liganden ausgehen, sowie durch die Wirkung elektrostatischer Anziehungskräfte. Erfolgt die Komplexbildung durch echte koordinative Valenzen, so werden die Verbindungen als „Durchdringungskomplexe" bezeichnet. Die durch elektrostatische Kräfte gebildeten Komplexe werden dagegen „Anlagerungskomplexe" genannt.

Durchdringungskomplexe. Bei den Durchdringungskomplexen lagern sich die Liganden (Ionen oder Moleküle mit abgeschlossenen Achterschalen) in der Weise an das Zentralatom an, daß sie häufig zusammen mit den Elektronen des Zentralatoms eine neue gemeinsame Elektronenschale bilden, die der eines Edelgases entspricht und die daher besonders stabil ist. In dem $[Fe(CN)_6]^{4-}$-Ion erreichen beispielsweise die $6 \cdot 2 = 12$ Elektronen der Cyanid-Ionen, $:C \equiv N|$, zusammen mit den 24 Elektronen des Fe^{2+}-Ions gerade die Elektronenzahl 36 des Edelgases Krypton. Auf Grund dieser Anordnung sind die Durchdringungskomplexe in der Regel sehr stabil. Neben dem Anstreben der Edelgaskonfiguration sind auch räumliche Gründe mitbestimmend für die Zahl (Koordinationszahl) der an das Zentralatom gebundenen Liganden. Die hauptsächlich vorkommenden Koordinationszahlen sind 4, 6 und 8. Komplexe mit diesen drei Koordinationszahlen bilden sehr symmetrische Körper, nämlich: Tetraeder, Quadrat (4), Octaeder (6) und Würfel (8). Als Beispiele für Durchdringungskomplexe seien noch die folgenden Ionen angeführt:

$$[PtCl_6]^{2-}, \quad [W(CN)_8]^{4-}, \quad [Co(NH_3)_6]^{3+}.$$

Anlagerungskomplexe. In den Anlagerungskomplexen erfolgt die Bindung der Liganden auf Grund elektrostatischer Kräfte zwischen Ionen und Ionen oder zwischen Ionen und Dipol-Molekülen; die Bindungen werden auch als „Nebenvalenzen" bezeichnet. Moleküle mit Dipolcharakter sind z. B. H_2O, NH_3, Alkohole, und andere. Ionen-Ionen-Komplexe, wie das $[FeF_6]^{3-}$ (Vers. Nr. 84), sind stabiler als die Ionen-Dipol-Komplexe. Letztere sind um so beständiger, je größer das Dipolmoment und je kleiner der Ionenradius des Zentralatoms ist. Mit Dipolmolekülen werden besonders häufig auch Kationen-Komplexe gebildet. Hierzu gehören die zahlreichen Hydrate, Ammoniakate und sonstigen Solvate. Über die räumliche Anordnung gilt das bei den Durchdringungskomplexen Gesagte.

Wertigkeit der Komplexe. Die Ionenwertigkeit eines komplexen Ions errechnet sich durch Addition der Ionenwertigkeiten der ihn bildenden Einzelionen.

Beispiele:

$$Fe^{2+} + 6CN^- \rightarrow [Fe(CN)_6]^{4-} \quad \text{(4fach negativ)}$$

$$Fe^{3+} + 6F^- \rightarrow [FeF_6]^{3-} \quad \text{(3fach negativ)}$$

Neutrale Moleküle wie H_2O und NH_3 ändern nichts an der ursprünglichen Ladung des Zentralatoms:

$$Cu^{2+} + 4NH_3 \rightarrow [Cu(NH_3)_4]^{2+} \quad \text{(2fach positiv)}$$

Nomenklatur. Nach der modernen Nomenklatur erfolgt die Benennung der Komplexsalze in der Weise, daß zuerst das Kation und dann das Anion genannt wird. Fur die Nennung der einzelnen Bestandteile des Komplex-Ions gilt folgende Reihenfolge: 1. Zahl der Liganden, 2. Art der Liganden, 3. Zentralatom. Dabei wird den als Liganden auftretenden Acidogruppen die Endung -o an den Namen angehängt, z. B. Chloro für Cl^-, Cyano für CN^- und Hydroxo fur OH^-. Zur Angabe der Zahl der Liganden verwendet man griechische Zahlworte. Die jeweilige Wertigkeit des Zentralatoms wird als römische Zahl in Klammern dem Zentralatom nachgestellt. Liegt das Zentralatom im Anion vor, so bekommt das Zentralatom die Endung -at.

Beispiele:

$K_4[Fe(CN)_6]$-Tetrakalium-hexacyano-ferrat(II)
$K_3[Fe(CN)_6]$-Trikalium-hexacyano-ferrat(III)
$Na_2[Zn(OH)_4]$-Dinatrium-tetrahydroxo-zinkat
$[Cu(NH_3)\ ]SO_4$-Tetrammin-kupfer(II)-sulfat.

Aufgabe Nr. 20

Schreibe die Namen für folgende Komplexsalze auf:

$[CrCl_2(H_2O)_4]Cl$, $K[Cu(CN)_4]$, $[Fe(NH_3)_6]SO_4$, $K[BF_4]$, $Na[B(C_6H_5)_4]$, $Na_3[Ag(S_2O_3)_2]$, $[Ag(NH_3)_2]Cl$, $K_2[Pt(Cl_6)]$.

Versuch Nr. 78

Man löse ein kleines Kristallchen $FeSO_4$ in wenig Wasser und fuge mit dem Tüpfelrohr Kaliumcyanid-Losung hinzu (Vorsicht! KCN ist sehr giftig!). Es fallt ein brauner Niederschlag von $Fe(CN)_2$ aus, der beim Erwarmen mit überschüssigem KCN wieder in Lösung geht; dabei hat sich das Komplexsalz $K_4[Fe(CN)_6]$ gebildet.

$$Fe^{2+} + 2CN^- \rightarrow Fe(CN)_2 \downarrow$$

$$Fe(CN)_2 + 4K^+ + 4CN^- \rightarrow 4K^+ + [Fe(CN)_6]^{4-}.$$

Verteile nun die Lösung auf zwei Reagensgläser. In der einen Probe wird mit Ammoniumsulfid (vgl. Vers. Nr. 62) auf Fe^{2+} geprüft. Zu der anderen Probe füge man einige Tropfen einer $FeCl_3$-Lösung, es bildet sich ein tiefblauer Niederschlag von Berliner Blau, $Fe_4[Fe(CN)_6]_3$. Was zeigt dieser Versuch?

Versuch Nr. 79

Unter dem Abzug versetze man eine $CuSO_4$-Losung tropfenweise mit KCN-Lösung. Es fällt ein Niederschlag von gelbem $Cu(CN)_2$ aus, der beim Erwarmen in weißes CuCN und gasformiges Dicyan $(CN)_2$ zerfällt:

$$2Cu(CN)_2 \rightarrow 2CuCN + (CN)_2 \uparrow.$$

Beim Zusatz weiteren Kaliumcyanids lost sich CuCN wieder auf, da $[Cu(CN)_4]^{3-}$ entsteht.

Das komplexe Anion gehört zu den stabilen Durchdringungskomplexen, mit H_2S fällt daher kein Cu_2S aus. Der Komplex ist so wenig in die Ionen dissoziiert, daß das Löslichkeitsprodukt des Cu_2S nicht überschritten wird. Rechne die Elektronenzahl am Cu^+-Ion aus!

Versuch Nr. 80

Zu einer verdünnten Losung von Quecksilber(II)-chlorid (= Sublimat, es dient in der Medizin zum Desinfizieren der Hände) fugt man tropfenweise Kaliumjodid-Lösung. Es fällt zunachst schwerlösliches, hellrotes Quecksilberjodid aus, das sich mit weiterem Kaliumjodid wieder auflöst zu dem Kalium-tetrajodomercurat(II). Gib die Reaktionsgleichung an! Eine alkalische Lösung des Komplexsalzes dient als „Nesslers Reagens" zum Nachweis von NH_3-Spuren im Trinkwasser (vgl. Vers. Nr. 36)

Versuch Nr. 81

Etwas Kupfersulfat-Losung wird tropfenweise mit Ammoniakwasser versetzt. Es entsteht zunächst ein hellblauer Niederschlag von $Cu(OH)_2$. Mit weiterem Ammoniak erhalt man eine tiefblaue Losung, die das Tetrammin-kupfer(II)-ion enthält. Gib die Reaktionsgleichung an!

Versuch Nr. 82

Man füge zu etwas $AgNO_3$-Losung wenig verdünnte Salzsaure hinzu. Der Niederschlag von AgCl löst sich in Ammoniakwasser unter Bildung des Diammin-silber-chlorids, $[Ag(NH_3)_2]Cl$, wieder auf; beim Ansäuern mit verdünnter HNO_3 fällt Silberchlorid wieder aus.

Versuch Nr. 83

Ein Tropfen $AgNO_3$-Losung wird mit einem Tropfen Kaliumbromid-Lösung versetzt. Zu dem schwerlöslichen Silberbromid füge man 1 ml Natriumthiosulfat-Lösung. Der Niederschlag geht unter Bildung von Trinatrium-dithiosulfato-argentat, $Na_3[Ag(S_2O_3)_2]$, in Losung. In welche Ionen dissoziiert das Komplexsalz?

Versuch Nr. 84

Zu einer Lösung von $Fe(SCN)_3$, dargestellt nach Vers. Nr. 13, gebe man einige ml einer 10%igen Natriumfluorid-Lösung. Die

Lösung wird entfärbt, da die Reaktion des Fe^{3+}-Ions durch Überführung in das komplexe Hexafluoro-ferrat(III)-Ion „maskiert" wird.

$$Fe(SCN)_3 + 6NaF \rightarrow 3Na^+ + [FeF_6]^{3-} + 3Na^+ + 3SCN^-.$$

Innere Komplexsalze. In den Komplexverbindungen können nicht nur einfache Anionen, wie Cl^-, CN^-, F^- oder einfache Moleküle wie H_2O und NH_3 als Liganden gebunden sein, sondern auch organische Stoffe wie Carbonsäuren, Zucker und Aminosäuren. Von besonderer Bedeutung sind hierbei solche Verbindungen, bei denen ein Ligand gleich mehrere Koordinationsstellen des komplexen Polyeders besetzt und bei denen die Bindung zum Zentralatom sowohl durch Hauptvalenzkräfte (z. B. Bindung zwischen Metallkation und Carboxylgruppe) als auch durch Nebenvalenzkräfte (Dipolbindung einer NH_2- oder OH-Gruppe) erfolgt. Solche Komplexverbindungen werden als „innere Komplexe" bezeichnet. Der rote Farbstoff des Blutes, das Häm, und der grüne Blattfarbstoff, das Chlorophyll, sowie die in den nachfolgenden Versuchen beschriebenen Stoffe gehören u. a. zu dieser wichtigen Stoffklasse.

Versuch Nr. 85

Ein ml Kupfersulfat-Lösung wird mit 1 ml Weinsäure und soviel verdünnter Natronlauge versetzt, daß die tiefblaue Lösung deutlich alkalisch reagiert. In der so erhaltenen Lösung, die auch „Fehlingsche Lösung" heißt, ist das Cu^{2+} „innerkomplex" gebunden. Die untenstehende Formel ist nur eine von mehreren in Betracht zu ziehenden. Tatsächlich liegen in der Fehlingschen Lösung verschiedene innere Komplexsalze vor.

$$\left[\begin{array}{ccc} O{=}C{-}O & \diagdown Cu \diagup & O{-}C{=}O \\ | & & | \\ H{-}C{-}OH & & HO{-}C{-}H \\ | & & | \\ H{-}C{-}OH & & HO{-}C{-}H \\ | & & | \\ O{=}C{-}O^- & & {}^-O{-}C{=}O \end{array}\right]^{2-}$$

Fehlingsche Lösung dient in der Medizin zum Nachweis von Zucker im Harn. Viele Zucker enthalten eine Aldehyd-Gruppe (S. 102), welche das Cu^{2+}-Ion in alkalischer Lösung zum einwertigen Cu^{1+} reduzieren. Cu^+ wird nicht mehr komplex gebunden, es fällt als Cu(OH) aus, das beim Erwärmen in gelb-rotes Cu_2O übergeht.

Man füge zu der Fehlingschen Lösung eine Spatelspitze Traubenzucker. Beim Erwärmen fällt rotes Kupfer (I)-Oxyd aus. Was wird bei dieser Reaktion aus der Aldehyd-Gruppe?

Versuch Nr. 86

Man löse etwas Glykokoll in Wasser und füge eine Spatelspitze Kupfercarbonat hinzu. Das Gemisch wird aufgekocht und filtriert. Beim Abkühlen scheiden sich aus der blauen Lösung hellblaue Nädelchen von Kupfer-Glykokoll aus; der innere Komplex ist ein Nichtelektrolyt und daher schwer löslich.

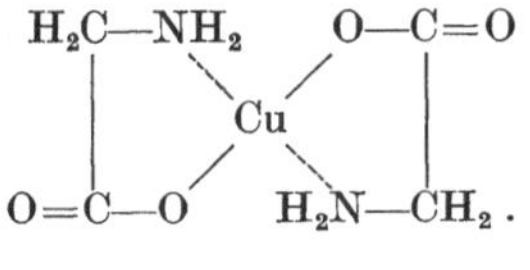

```
  H2C—NH2    O—C=O
   |     \  /    |
   |      Cu     |
   |     /  \    |
O=C—O       H2N—CH2 .
```

Versuch Nr. 87

1—2 Tropfen einer Nickelsalzlösung werden mit einigen ml Wasser verdünnt und die Lösung ammoniakalisch gemacht. Auf Zusatz einer 1%igen alkoholischen Lösung von Diacetyldioxim fällt ein schön rot gefärbtes inneres Komplexsalz aus:

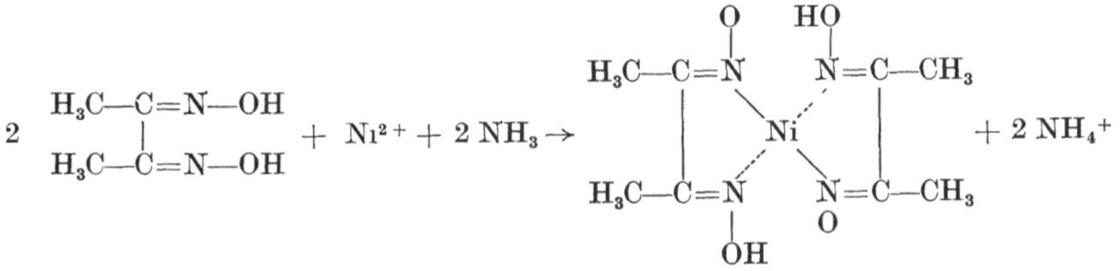

```
                                          O      HO
                                          |      |
                                   H3C—C=N       N=C—CH3
    H3C—C=N—OH                         |   \   .·   |
2       |        + Ni2+ + 2 NH3 →      |     Ni      |      + 2 NH4+
    H3C—C=N—OH                         |   ·'   \   |
                                   H3C—C=N       N=C—CH3
                                          |      O
                                          OH
```

Der kolloide Zustand

Alle Losungen lassen sich nach dem Zerteilungsgrad des gelösten Stoffes in folgende Systematik einordnen: molekulardispers, kolloiddispers und grobdispers. Die kolloiden „Lösungen" bilden den Übergang zwischen den echten Lösungen, in denen der geloste Stoff in einzelne Molekule oder Ionen aufgeteilt ist, und den *Suspensionen* (fest in flüssig) bzw. *Emulsionen* (flüssig in flüssig), bei denen sich die grobdispersen Teilchen — wie die Fetttröpfchen in der Milch — nach einiger Zeit absetzen. Bei den kolloiden „Lösungen" sind die Teilchen so klein (Ausdehnung: 0,1—0,001 μ, $\mu = 1/1000$ mm), daß sie sich auch nach langer Zeit nicht absetzen und durch die üblichen Filter hindurchlaufen. Nur von besonders engporigen Stoffen, wie z. B. Pergamentpapier, Cellophan oder tierische Darmhäute, werden die Kolloide zurückgehalten.

Tyndall-Phänomen. Von mehreren Eigenschaften ist besonders folgende zur Erkennung des Kolloid-Zustandes geeignet. Schickt man durch eine klare oder getrübte kolloide „Lösung" einen Lichtstrahl hindurch, so zeichnet sich der Lichtstrahl bei seitlicher Beobachtung deutlich ab, da das einfallende Licht von den kolloiden Teilchen seitlich abgebeugt wird. Dieses Phänomen wird als *Tyndall*-Effekt bezeichnet.

Stabilität des kolloiden Zustandes. Die besondere Stabilität des kolloiden Zustandes beruht nicht nur auf der Kleinheit der Teilchen. Eine wesentliche Ursache, welche die Aggregation zu größeren Teilchen verhindert, ist die gleichsinnige elektrische Aufladung der Partikelchen an ihrer Oberfläche. Treffen zwei Teilchen aufeinander, so bleiben sie nicht aneinander haften, sondern stoßen sich auf Grund elektrostatischer Kräfte ab. Die elektrische Aufladung kann in verschiedener Weise zustande kommen: Beispielsweise können an der Oberfläche des Teilchens befindliche Säuregruppen H^+-Ionen abdissoziieren (Aminosäuren in Eiweißstoffen), wodurch die Oberfläche negativ geladen zurückbleibt. Es können aber auch Ionen aus der Lösung adsorbiert werden, das ist z. B. beim Arsensulfid der Fall, das S^{2-}-Ionen an der Oberfläche anlagert. Auf Grund der Ladung wandern Kolloide im elektrischen Gleichstromfeld; die Wanderung wird als Elektrophorese oder Kataphorese bezeichnet.

Nimmt man den Kolloiden ihre elektrische Ladung, sei es dadurch, daß man Kolloide entgegengesetzter Ladung, sei es, daß man geeignete anderssinnige, hochgeladene Fremdionen zugibt, so wird der kolloide Zustand instabil, es tritt Ausflockung oder *Koagulation* ein. Der Punkt, an dem die Ladung des Kolloids gerade aufgehoben ist — das Teilchen im elektrischen Feld folglich auch nicht mehr wandert — wird als der *isoelektrische Punkt* bezeichnet. Das Zusammenballen der Kolloidteilchen ist unmittelbar nach dem Ausflocken gewöhnlich noch umkehrbar. Dieser Vorgang, daß das Koagulat wieder in den kolloiden Zustand übergeht, wird *Peptisierung* genannt. Physikalisch läßt sich eine Abtrennung der kolloid gelösten Teilchen durch Ultrazentrifugieren erreichen. Die in der Ultrazentrifuge auf die Teilchen wirkenden Zentrifugalkräfte sind bis 1000000mal stärker als die Erdschwerkraft, dadurch sedimentieren auch Teilchen von der Kleinheit der Kolloide. Das Ultrazentrifugieren ist eine sehr schonende Methode; es eignet sich daher besonders zur Abtrennung von natürlich vorkommenden Kolloiden, deren Struktur erhalten bleiben soll, wie Cellulose, Pektin, Eiweißstoffe und andere.

Herstellung von kolloiden Lösungen. Kolloide „Lösungen" lassen sich von allen schwerlöslichen oder hochmolekularen Stoffen auf zwei

Wegen herstellen, indem man entweder von einem Zustand groberer Verteilung oder vom Zustand feinerer Verteilung ausgeht. „Dispersionskolloide“ entstehen durch mechanische Zerkleinerung gröberer Stoffe, vorteilhaft in sog. Kolloidmuhlen. Auch durch Peptisation* können Dispersionskolloide hergestellt werden. Hierbei versetzt man bereits ausgeflockte Kolloide mit etwas verdünnter Säure oder Base. Die H^+- und OH^--Ionen werden besonders leicht an der Oberflache angelagert und fuhren so zu einer gleichsinnigen Oberflächenaufladung. Die Stabilität solcher Dispersionskolloide läßt sich wesentlich erhöhen, indem den Lösungen „Schutzkolloide“ wie Leim, Seife oder Tannin, zugesetzt werden (Vers. Nr. 88, 89).

Bei der Darstellung von „Kondensationskolloiden“ geht man von echten Lösungen aus. Es kommt hierbei darauf an, die Ausfallung des in den kolloiden Zustand zu überführenden Stoffes nur bis zu Teilchen kolloider Große kommen zu lassen (Vers. Nr. 91).

Der kolloide Zustand ist für die Natur von großer Bedeutung, viele tierische und pflanzliche Organismen bestehen überwiegend aus kolloiden Systemen.

Versuch Nr. 88

Im Reagensglas wird etwas Ruß mit Wasser kräftig durchgeschüttelt und dann filtriert. Das Wasser läuft klar durch das Filter. Nun wiederhole man den Versuch, füge aber einige Tropfen einer konz. Seifenlösung hinzu. Beim Filtrieren geht ein Teil des Rußes kolloidal durchs Filter (Peptisierung durch Seife).

Versuch Nr. 89

Man zerreibe etwas Indigo in der Reibschale und nehme in wenig Wasser auf. Nach Filtrieren wird eine kolloidale „Lösung“ erhalten. Auch hier läßt sich die Herstellung kolloidaler Verteilung begünstigen, wenn man dem Indigo beim Zerreiben bereits eine kleine Menge Wasser und etwas Schutzkolloid (Tannin) zusetzt. Man uberzeuge sich davon.

Versuch Nr. 90

2—3 ml wäßrige Arsenige Säure werden mit dem doppelten Volumen Schwefelwasserstoffwasser versetzt, wobei die Lösung durch kolloidverteiltes Arsensulfid eine gelbe Färbung annimmt. Der Inhalt wird auf 2 Reagensgläser verteilt und zu der einen Probe etwas 5%ige Gummiarabicum-Lösung gefügt. Auf Zusatz

* Der Ausdruck Peptisierung ist von Pepsin hergeleitet, das im Magen Eiweißverbindungen in Lösung bringt.

von konz. Salzsäure bleibt die mit dem Schutzkolloid stabilisierte Lösung klar, während in der anderen Probe As_2S_3 ausflockt. Die elektrische Schutzschicht der Sulfidionen wird durch die zugefügte Säure von der Oberfläche abgelöst, da sich undissoziierter Schwefelwasserstoff bildet.

Versuch Nr. 91

Man gieße eine im Reagensglas hergestellte alkoholische Lösung von Schwefel in ein zur Halfte mit Wasser gefülltes Becherglas. Es wird ein Schwefel-,,Sol" erhalten.

Versuch Nr. 92

Darstellung von kolloider Kieselsäure · 20 g kristallisiertes Natriumsilicat werden in 70 ml heißem Wasser gelöst. Falls sich nicht alles löst, wird filtriert und die Lösung erkalten lassen. Unter Umrühren tropft man von dieser Lösung so viel in eine Mischung von 20 ml konz. Salzsäure und 40 ml Wasser ein, bis die durch zugefügtes Phenolphthalein an der Eintropfstelle erscheinende Rotfärbung nicht mehr verschwindet. Zur Abtrennung der Ionen von der kolloiden Kieselsäure gibt man die Lösung in eine Dialysierhülse, die oben abgebunden wird. Die Hülse wird in ein hohes Becherglas getan, durch das man viele Stunden lang einen langsamen Strom Leitungswasser so lange fließen läßt, bis fast keine Chlorionen mehr nachgewiesen werden können. Die kolloide Kieselsäure ist in der Kälte einige Zeit haltbar; durch Kochen oder durch Zusatz von Elektrolyten (z. B. HCl) wird sie ausgeflockt. Bei der Dialyse treten die Ionen durch die Poren nach außen hindurch, die kolloiden Teilchen werden dagegen zurückgehalten. (Dieser Versuch ist in jeder Gruppe [15 Pers.]) nur einmal auszuführen; für die Experimente werden jedem Praktikumsteilnehmer einige ml der dargestellten kolloidalen Kieselsaure zugeteilt).

QUANTITATIVER TEIL

Kapitel VIII

Konzentrationsangaben — Maßanalyse — Neutralisationsverfahren Säure-Base-Indicatoren

Konzentrationsangaben

Die Zusammensetzung von Lösungen wird häufig in verschiedener Weise angegeben:

1. Gewichtsprozente geben die in hundert Gewichtsteilen Lösung (nicht Lösungsmittel!) enthaltene Gewichtsmenge des gelösten Stoffes an.

Beispiele:

a) Berechne den Gehalt in Gew.-% einer Lösung von 15 g gelösten Stoffes in 100 g Lösungsmittel. Gewicht der Lösung ist (100 + 15) g. Folglich ist der Gehalt in Gew.-%: $\frac{15 \cdot 100}{115} = 13{,}04\%$.

b) 3,5 g Chlorwasserstoff werden in 50 g Wasser gelöst. Das Gewicht der Lösung ist 53,5 g, Gew.-% demnach: $\frac{3{,}5 \cdot 100}{53.5} = 6{,}54\%$.

2. Bei Löslichkeitsangaben gibt man dagegen die Gewichtsmenge des gelösten Stoffes an, welche in bestimmten Gewichtsteilen des reinen Lösungsmittels enthalten ist (meist 100 oder 1000 g). Die Errechnung der Löslichkeit aus der Angabe in Gew.-% zeigt das folgende Beispiel:

Es soll ermittelt werden, wieviel Gramm reiner Substanz in einer x%igen Lösung pro 100 g Lösungsmittel enthalten sind. Wenn in 100 g Lösung x g gelöste Substanz enthalten sind, dann ist die Menge des Lösungsmittels (100 — x) g. Auf 100 g Lösungsmittel kommen demnach $\frac{x \cdot 100}{(100 - x)}$ g gelöster Substanz.

3. Unter **Volumprozent** wird das in 100 Volumina der Lösung (nicht des Lösungsmittels!) enthaltene Volumen einer Substanz verstanden. In einem Getränk, das mit 45 Vol.-% Alkohol ausgezeichnet ist, sind demnach in 100 Volumteilen des Getränkes 45 Volumteile reiner Alkohol enthalten.

4. In der Chemie rechnet man meist mit der molaren Konzentration. Die **molare Konzentration**, oder auch **Molarität,** ist die in 1 l Lösung vorhandene Anzahl Grammoleküle der gelösten Substanz. Abgekürzt wird Molarität durch den Buchstaben M (häufig noch als —m).

Beispiele:

a) Eine 0,1 M H_2SO_4-Lösung enthält im Liter 1/10 Mol Schwefelsäure, also 9,8 g H_2SO_4 in einem Liter Lösung.

b) 763 g Kochsalz werden in Wasser gelöst, die Lösung wird auf 200 ml aufgefüllt. Wie groß ist die molare Konzentration? In 1 l Lösung sind $\frac{1000 \cdot 7{,}63}{200}$ g NaCl enthalten, folglich ist die Molarität: $\frac{1000 \cdot 7{,}63}{200 \cdot \mathrm{NaCl}} = 0{,}652$.

5. In der Maßanalyse ist es üblich, die Konzentration einer Lösung in **Normalität** anzugeben. Normalität gibt die in 1 Liter der

Losung vorhandene Anzahl Grammäquivalente (Val.) des gelosten Stoffes an. Ein Grammäquivalent ist die Gewichtsmenge eines Stoffes in Gramm, welche in ihrem chemischen Wirkungswert einem g-Atom (1,008 g) Wasserstoff äquivalent ist. Das Äquivalentgewicht ist keine konstante Größe, es kann stets nur in bezug auf eine bestimmte Reaktion angegeben werden. Bei der Neutralisationsreaktion wird es z. B. auf 1 g-Ionengewicht Wasserstoff bezogen. Demnach ist das Äquivalentgewicht der Salzsäure gleich dem Molekulargewicht; bei der Schwefelsaure ist es $\frac{H_2SO_4}{2}$ und bei der Phosphorsaure $\frac{H_3PO_4}{3}$. — Bei Redox-Reaktionen ist das Äquivalentgewicht des $KMnO_4$ gleich $^1/_5$ des Molekulargewichtes, wenn in saurer Lösung oxydiert wird, da das Manganatom hierbei unter Aufnahme von 5 Elektronen in Mn^{2+}-Ion übergeht. Das Bezugselement Wasserstoff vermag ja nur ein Elektron aufzunehmen, weshalb das Molekulargewicht des $KMnO_4$ durch 5 dividiert werden muß. In alkalischer Lösung erfolgt die Reduktion des Kaliumpermanganates unter Aufnahme von nur 3 Elektronen bis zum Mangandioxyd, folglich ist das Äquivalentgewicht fur Oxydationen in alkalischer Lösung: $\frac{KMnO_4}{3}$.

Als Abkürzung für „Normal“ wird der Buchstabe N benutzt (haufig auch noch —n). In der Praxis arbeitet man meistens nicht mit 1-normalen (N/1), sondern mit N/10 (0,1 N), N/20 (0,05 N) oder N/100 (0,01 N) Lösungen.

Mischungsregel: Häufig steht man vor der Aufgabe, durch Mischen von Lösungen bekannten Gehaltes oder durch Verdünnen mit reinem Lösungsmittel eine Lösung der gewünschten Konzentration herzustellen. Dies gelingt schnell unter Benutzung des Mischungskreuzes.

Beispiele:

a) Gegeben seien Lösungen von 98% und von 66% Gehalt, gewünscht wird eine Lösung von 75% Gehalt.

b) Gegeben sei eine Lösung von 98% und reines Losungsmittel (0% Gehalt); gewünscht wird eine Lösung von 30% Gehalt.

Erlauterung: Die Zahlen der Konzentrationen der Ausgangslosungen werden links untereinander geschrieben (98 und 66 bzw. 98 und 0). Zwischen diese beiden Zahlen schreibt man etwas rechts herausgerückt die Zahl der gewünschten Konzentration (75 bzw. 30). Durch Subtraktion in der Pfeilrichtung werden die gesuchten Teile der beiden Ausgangslösungen erhalten, die man miteinander mischen muß.

a) 9 Teile 98%iger Losung mit 23 Teilen 66%iger Losung.

b) 30 Teile 98%iger Lösung mit 68 Teilen reinem Losungsmittel.

Die Mischungsregel läßt sich auf Lösungen anwenden, deren Konzentrationen entweder nur in Gew.-% oder in Vol.-% angegeben sind. Teile bedeuten dann jeweils Gewichtsteile oder Volumenteile.

Beispiel: Mit wieviel Wasser müssen 100 g 36%ige Salzsaure verdunnt werden, um 10%ige Säure zu erhalten?

Die zugesetzte Wassermenge sei x g, dann wird das Gewicht der 10%igen Säure: (100 + x) g. Das Gewicht an reiner Säure ist in beiden Lösungen gleich, folglich gilt:

$$100 \cdot 0{,}36 = (100 + x) \cdot 0{,}1$$

$$x = 260$$

Nach der Mischungsregel

Aufgabe Nr. 21

Konz. Salzsäure (Dichte = 1,19) enthält 37% HCl. Berechne den Gehalt in Gramm pro Milliliter. Wie groß ist die molare Konzentration?

Aufgabe Nr. 22

Wieviel 96%iger Alkohol (Vol.-%) ist zur Darstellung von 2 l 45%igem Spiritus notwendig?

Aufgabe Nr. 23

Berechne die Normalität folgender Lösungen:

a) 18%ige Salzsäure mit der Dichte 1,09.

b) 10%ige Schwefelsäure mit der Dichte 1,07.

c) 65%ige Salpetersäure mit der Dichte 1,4.

Aufgabe Nr. 24

Wieviele Milliliter 36%ige Salzsäure (Dichte 1,19) sind zur Darstellung von 5 l 0,1N HCl abzumessen?

Maßanalyse

Viele Verfahren zur quantitativen Bestimmung der chemischen Stoffe beruhen darauf, daß der gelöste Stoff durch Zugabe geeigneter Hilfsreagentien quantitativ in eine andere Verbindungsform überführt wird, die praktisch unlöslich und wägekonstant ist. Beispielsweise lassen sich die in einer Lösung befindlichen Chlorionen durch Zugabe einer $AgNO_3$-Lösung praktisch vollständig in das schwerlösliche AgCl überführen, welches abfiltriert, getrocknet und gewogen werden kann. Aus der gewogenen Menge läßt sich leicht die vorhandene Cl^--Ionenkonzentration berechnen. Dieses gewichtsanalytische Verfahren ist jedoch umständlich und zeitraubend. Wesentlich rascher lassen sich viele Stoffe mit Hilfe der maßanalytischen Methoden bestimmen.

Das Wesen der Maßanalyse besteht darin, daß zu der Lösung des zu bestimmenden Stoffes gerade nur so viele Milliliter der Reagenslösung hinzugegeben werden, wie für die quantitative Umsetzung des Stoffes erforderlich sind. Dies setzt natürlich voraus, daß der Endpunkt der der Bestimmung zugrunde liegenden Reaktion — der Äquivalenzpunkt — gut erkennbar ist. In der Praxis dienen zur Endpunktserkennung vielfach Indicatoren, die den Lösungen in geringer Menge zugesetzt werden und die den ersten überschüssigen Tropfen des Hilfsreagens anzeigen. Im Gegensatz zu den gewichtsanalytischen Methoden erfordern die Verfahren der Maßanalyse eine genaue Messung des Volumens der zugesetzten Reagenslösung, deren Gehalt oder chemischer Wirkungswert — man sagt auch „Titer" — genau bekannt sein muß. Als Maßflüssigkeiten verwendet man hierbei stets nur Normallösungen oder verdünnte Normallösungen. Alle maßanalytischen Methoden lassen sich nach den ihnen zugrunde liegenden chemischen Reaktionen in drei große Gruppen einteilen: die *Neutralisationsanalysen*, die *Redoxanalysen* und die *Fällungs-* und *Komplexbildungsanalysen*.

Neutralisationsverfahren

Basen und Säuren lassen sich auf Grund der zwischen ihnen ablaufenden Neutralisationsreaktion bestimmen:

$$MeOH + HX \rightarrow H_2O + Me^+ + X^-.$$

Soll beispielsweise die in einer Lösung vorhandene Menge Salzsäure bestimmt werden, so gibt man eine mit der Pipette genau abgemessene Probe der Säure in ein Becherglas oder einen Erlenmeyer-Kolben, setzt einige Tropfen Phenolphthalein-Lösung als Indicator hinzu und läßt nun unter stetem Umschwenken vorsichtig so lange eine Normal-Natronlauge aus der Bürette zufließen, bis die erste bleibende Rotfärbung des Indicators das

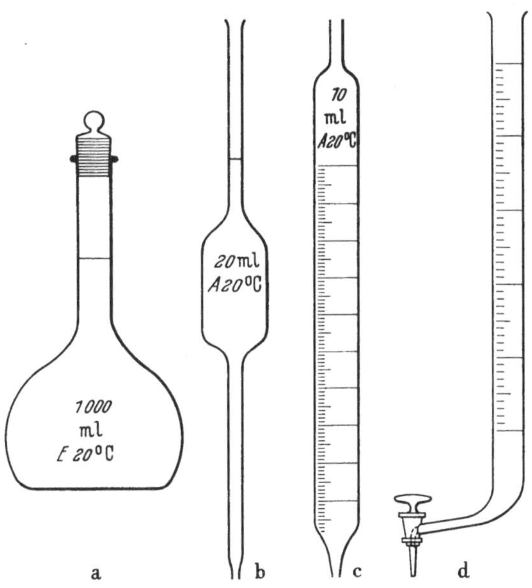

Abb. 12. Geräte für die quantitative Analyse; a) Meßkolben; b) Vollpipette, c) Meßpipette, d) Bürette

Erreichen des Äquivalenzpunktes anzeigt. An der Bürette läßt sich die der vorgelegten Säure äquivalente Menge Base ablesen und daraus die Säuremenge bestimmen. Über die praktische Durchführung unterrichten die nächsten Versuche.

Versuch Nr. 93

Bereitung einer ungefähr 0,1 N Natronlauge und Titereinstellung.

Man berechne die zur Herstellung von 1 l 0,1 N Natronlauge erforderliche Menge Natriumhydroxyd und wäge diese Menge auf ± 100 mg genau auf einer einfachen Handwaage ab. Das feste

Natriumhydroxyd wird in einen 1 l Meßkolben getan und mit einigen 100 ml Wasser gelöst. Darauf wird der Kolben bis zur eingeritzten Marke aufgefüllt und der Inhalt gut durchmischt. Die erhaltene Lösung ist bei der groben Einwage natürlich nicht genau 0,1 N, die wahre Normalität wird folgendermaßen bestimmt.

Mit der sauberen und trockenen Pipette werden 20 ml einer vom Assistenten ausgegebenen 0,1 N HCl abgefüllt, indem man die Spitze der Pipette in die Salzsaure eintaucht und die Säure mit dem Munde vorsichtig bis etwas über den Eichstrich ansaugt. Die obere Öffnung wird darauf schnell mit dem leicht angefeuchteten Zeigefinger verschlossen. Durch vorsichtiges Lüpfen desselben läßt man die Flüssigkeit bis zur Marke austropfen, dabei soll der Meniscus gerade die Marke berühren. Die abgemessene Säuremenge wird nun in einen vorher sorgfältig ausgespülten weithalsigen Erlenmeyer-Kolben oder in ein Becherglas gefüllt, wobei man die Pipettenspitze zweckmäßig an die Glaswandung hält. Nachdem der Inhalt ausgelaufen ist, wartet man noch etwa 15 sec damit die Flüssigkeit nachlaufen kann, und entfernt dann die an der Spitze noch haftenden Tropfen durch Abstreichen an der Gefaßwandung (nicht ausblasen, die Pipetten sind auf Auslauf und Abstrich geeicht!).

Nun wird die saubere und trockene Bürette mit der bereiteten Natronlauge einmal durchgespült und darauf bis zur Nullmarke aufgefüllt. Zu der abgemessenen Säuremenge fügt man 2—3 Tropfen Methylorange hinzu und läßt nun unter stetem leichten Umschwenken 19 ml der Lauge schnell zufließen. Der letzte zur Neutralisation notwendige ml Lauge wird so lange vorsichtig zugetropft, bis die Farbe des Indicators umschlägt. Lies den Laugeverbrauch ab und notiere das Ergebnis. Die Bestimmung wird in der gleichen Weise wiederholt und aus beiden Ergebnissen der Mittelwert gebildet. Ist die Abweichung zwischen beiden Bestimmungen großer als 0,05 ml, so muß noch eine dritte Bestimmung durchgefuhrt werden. Zur Ausrechnung des Normalfaktors wird der Quotient aus dem theoretischen Volumen als Zähler und dem tatsächlichen Verbrauch als Nenner gebildet. Wurden beispielsweise bis zum Äquivalenzpunkt für 20 ml 0,1 N HCl 20,55 ml NaOH verbraucht, so ist der Faktor der Losung $\frac{20}{20{,}55} = 0{,}973$.

Durch Multiplikation mit diesem Faktor müssen bei den weiteren Bestimmungen alle Volumina unserer ungefähr 0,1 N Natronlauge in die entsprechende ml-Zahl einer wirklich 0.1 N NaOH-Lösung umgerechnet werden.

Versuch Nr. 94

Titration einer ausgegebenen Schwefelsaure-Losung.

Vom Assistenten werden für jede Arbeitsgruppe (15—20 Pers.) verschiedene Schwefelsäure-Lösungen (etwa 0,05—0,5 N) ausgegeben. Man entnimmt dieser Lösung mittels einer trockenen und sauberen Pipette 20 ml und bestimmt — wie vorstehend beschrieben — die bis zur Neutralisation erforderliche Laugenmenge. Dabei ist es zweckmäßig, sich zunächst über den ungefähren Laugeverbrauch zu orientieren, indem man die Lauge unter stetem Umschwenken langsam in den Titrierkolben bis zum Umschlagspunkt des Indicators einfließen laßt. Bei den nachfolgenden genauen Titrationen läßt man 1 ml Lauge weniger, als bei dem orientierenden Versuch notwendig waren, schnell einlaufen. Der Zusatz der letzten Laugenmenge erfolgt nur tropfenweise, so daß man nicht „übertitriert".

Zur Berechnung der Titration wird zunächst das zur Neutralisation verbrauchte Volumen mit dem Faktor der Natronlauge multipliziert, man erhält so die ml-Zahl an genau 0,1 N NaOH. Berucksichtigt man, daß jeder Milliliter einer 0,1 N NaOH-Lösung 1 ml einer 0,1 N H_2SO_4-Lösung entspricht, so braucht man den Verbrauch an 0,1 N Losung nur noch mit dem $\frac{1}{10000}$ g-Äquivalentgewicht der Schwefelsäure = 4,904 mg zu multiplizieren, um die gesuchte Schwefelsäuremenge zu erhalten. Das Ergebnis ist in mg H_2SO_4 anzugeben.

Versuch Nr. 95

Titration: Essigsäure/Natronlauge

a) Mit der Pipette werden 20 ml 0,1 N Essigsaure abgemessen und in ein Becherglas oder einen Erlenmeyerkolben abgefüllt. Nach Zugabe von 3—4 Tropfen einer Methylorange-Losung läßt man aus der Bürette die in Versuch Nr. 93 bereitete ungefähr 0,1 N NaOH bis zum Farbumschlag des Indicators zutropfen. Schon lange bevor die der Saure aquivalente Menge NaOH eingetropft ist, erscheint der Indicator orange. Eine Titration der Essigsäure unter Verwendung des Indicators Methylorange ist also nicht moglich!

b) Die vorstehende Titration der Essigsäure wird wiederholt, anstelle von Methylorange verwende man jedoch Phenolphthalein als Indicator. Diesmal erscheint die rote „Alkalifarbe" des Phenolphthaleins erst nach Zusatz der äquivalenten Menge NaOH. Im Gegensatz zu Versuch a) läßt sich Essigsaure jetzt exakt titrieren.

Zum näheren Verständnis dieser Erscheinungen werden in den nächsten Versuchen die Neutralisationskurven für die Titrationen: HCl/NaOH und CH_3COOH/NaOH aufgestellt.

Versuch Nr. 96

p_H-Wert-Änderung im Verlauf der Titration HCl/NaOH.

Man bereite sich 100 ml einer 0,01 N HCl, indem man mit einer sauberen und trockenen Pipette 10 ml 0,1 N HCl abmißt und in einen 100 ml Meßkolben abfüllt. Darauf wird mit Wasser bis zur Marke aufgefullt und die Lösung in ein als Titrierbecher geeignetes Becherglas ausgeleert. Aus der Bürette läßt man nun jeweils so viele Milliliter einer in gleicher Weise bereiteten 0,01 N NaOH zulaufen, wie in der ersten Spalte der Tab. 2 angegeben sind. Nach jedem erneuten Zusatz wird für gute Durchmischung gesorgt und der p_H-Wert mit Hilfe eines Spezialindicatorpapieres (Lyphan- oder Oxyphen-Papier) bestimmt. Man trage die gemessenen p_H-Werte in Spalte 2 der Tabelle ein.

Tabelle 2

Die zu 100 ml 0,01 N HCl zugesetzte Menge 0,01 N NaOH	p_H
0	
50	
90	
99,0	
99,5	
99,9	
100,0	
100,1	
100,5	
101,0	
110,0	
150,0	
200,0	

Tabelle 3

Die zu 100 ml 0,1 N CH_3COOH zugesetzte Menge 0,1 N NaOH	p_H
0	
10	
50	
90	
99,0	
99,9	
100,0	
100,1	
101,0	
110,0	
150,0	
190	
200	

Versuch Nr. 97

p_H-Wert-Änderung im Verlauf der Titration: CH_3COOH/NaOH.

Wie in Versuch Nr. 96 beschrieben, bereite man sich 100 ml einer 0,1 N Essigsäure-Lösung, indem man 10 ml einer 1 N Essigsäure-Lösung verdünnt. Die Säure wird in gleicher Weise mit 0,1 N NaOH titriert und die gemessenen p_H-Werte in die Tab. 3 eingetragen.

Aufgabe Nr. 25

Aufstellung der Neutralisationskurven: HCl/NaOH und CH_3COOH NaOH.

Auf einem Bogen Millimeterpapier werden nach Abb. 13 die Werte der Tab. 2 und 3 in ein rechtwinkliges Koordinatensystem ubertragen. Die p_H-*Werte trage man als Ordinaten, die zugesetzten*

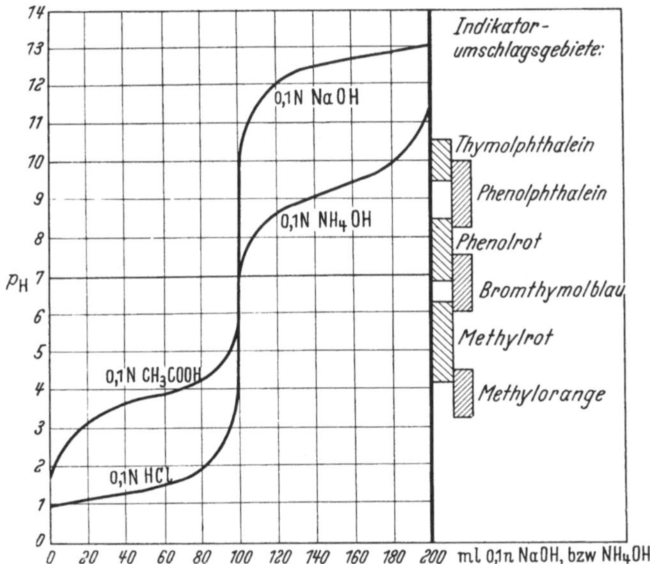

Abb 13 Neutralisationskurven von je 100 ml 0,1 N HCl und 0,1 N Essigsaure mit 0,1 N NaOH und 0,1 N NH_4OH

Anteile der Natronlauge als Abszissen ein. Anschließend werden die zugehörigen Punkte miteinander verbunden, dabei ergeben sich die charakteristischen Neutralisationskurven.

Der Kurvenverlauf zeigt, daß der p_H-Wert bei der Titration HCl/NaOH bei steigendem Basen-Zusatz zunächst nur sehr wenig, dann aber schneller und schließlich sogar sprunghaft zunimmt. Die p_H-Kurve verläuft bei $p_H = 7$ durch einen Wendepunkt, um dann wieder langsam abzuflachen. Am Wendepunkt wird durch Zusatz ganz weniger Tropfen NaOH der größte Sprung des p_H-Wertes hervorgerufen. Der Wendepunkt ist zugleich der „Äquivalenzpunkt" der Titration, weil hier gerade so viel NaOH hinzugefügt wurde, als zur Neutralisation der Säure nötig war.

Dagegen zeigt der Verlauf der Neutralisationskurve $CH_3COOH/NaOH$, daß der Wendepunkt und damit der Äquivalenzpunkt dieses Systems nicht am wahren Neutralpunkt ($p_H = 7$), sondern deutlich im alkalischen Gebiet, bei $p_H = 8{,}7$, liegt. Obwohl also Essigsäure und Natronlauge in genau äquivalenten Mengen zusammengegeben wurden, reagiert die Lösung basisch. Gib eine Begründung hierfür!

Bei jeder Neutralisationsanalyse kommt es darauf an, den Äquivalenzpunkt der Titration zu erfassen. Dies gelingt mit Hilfe der Säure-Base-Indicatoren. Bei der Wahl der Indicatoren muß man jedoch darauf achten, daß der Äquivalenzpunkt im „Umschlagsintervall" des zugesetzten Indicators liegt. Zum naheren Verständnis dieser Auswahlforderung muß etwas ausführlicher auf die Theorie der Säure-Base-Indicatoren eingegangen werden.

Säure-Base-Indicatoren

Die acidimetrischen Indicatoren sind schwache Säuren oder Basen, deren Farbumschlag auf dem Übergang der dissoziierten Form in die undissoziierte Form beruht. In der analytischen Praxis werden häufig Indicatoren angewandt, die sowohl im dissoziierten als auch im undissoziierten Zustand farbig sind. Solche Indicatoren heißen zweifarbig; diejenigen, bei denen eine Komponente farblos ist, einfarbig. Die Wirkungsweise dieser beiden Indicatorsysteme ist etwas verschieden.

Bezeichnet man eine Indicatorsäure mit HI, die korrespondierende Indicatorbase mit I^- und die Indicatorkonstante der Indicatorsäure mit K_I, so gilt für das Dissoziationsgleichgewicht der Indicatorsäure:

$$HI \rightleftharpoons H^+ + I^-. \tag{1}$$

Unter Verwendung des Massenwirkungsgesetzes und unter Vernachlässigung der Aktivitätskoeffizienten erhält man für die Wasserstoffionenkonzentration $[H^+]$ und das p_H die Beziehungen:

$$[H^+] = K_I \frac{[HI]}{[I^-]} \tag{2}$$

und

$$p_H = p_{K_I} - \log \frac{[HI]}{[I^-]} \tag{3}$$

Der Saureexponent p_{K_I} der Indicatorsäure wird auch als Indicatorexponent bezeichnet.

Sind beim zweifarbigen Indicator die Konzentrationen $[HI]$ und $[I^-]$ gleich, d. h. ist die Indicatorsäure zu 50% dissoziiert und besitzen korrespondierende Indicatorsäure und -base die gleiche Farbintensität, dann gilt:

$$\frac{[HI]}{[I^-]} = \frac{\text{Intensität der Farbe von HI}}{\text{Intensitat der Farbe von } I^-}. \tag{4}$$

Nach Gl. (3) muß der Farbwechsel oder Indicatorumschlag daher erfolgen, wenn $p_H = p_{K_I}$. Der Farbumschlag einer sehr schwachen Indicatorsäure liegt folglich weit im alkalischen Gebiet, er verschiebt sich mit zunehmender Dissoziationskonstante gegen das neutrale und saure Gebiet. Der Farbumschlag erfolgt jedoch nicht scharf an dem Punkt: $p_H = p_{K_I}$. Praktisch beobachtet man vielmehr, daß die Farbe eines Indicators über einen größeren p_H-Bereich umschlägt.

Nimmt man z. B. an, daß die Farbintensität des dissoziierten Zustandes ein Zehntel des undissoziierten Zustandes beträgt, wenn die Farbe der undissoziierten Form dominieren soll, so ergibt sich nach Gl. (3):

$$p_H = p_{K_I} - 1.$$

Und entsprechend für den Farbumschlag nach der anderen Seite bei analogen Bedingungen:

$$p_H = p_{K_I} + 1.$$

Das Umschlagsintervall erstreckt sich dann über eine Breite von 2 p_H-Einheiten ($p_H = p_{K_I} \pm 1$). Bei ungleicher Farbintensität der beiden Indicatorformen (bei gleicher Konzentration) ist der Umschlagsbereich unsymmetrisch in bezug auf $p_H = p_{K_I}$. Jedoch ist in jedem Fall das Umschlagsintervall für einen bestimmten Indicator charakteristisch und durch den Indicatorexponenten p_{K_I} festgelegt.

In der Praxis steht zur Durchfuhrung beliebiger Neutralisationsanalysen eine große Auswahl von Indicatoren für die verschiedensten Umschlagsbereiche zur Verfügung. Die Wahl des richtigen Indicators ergibt sich aus der Betrachtung der jeweiligen Titrationskurve; auf jeden Fall muß der Äquivalenzpunkt innerhalb des Umschlagsbereiches liegen. Folgende Regeln erleichtern die Wahl des geeigneten Indicators.

1. Starke Säuren und starke Basen lassen sich unter Verwendung aller Indicatoren titrieren, die zwischen Methylorange und Phenolphthalein umschlagen.

2. Bei der Titration schwacher Säuren mit starken Basen (Vers. Nr. 95) müssen solche Indicatoren verwendet werden, deren

Umschlagsintervall im schwachalkalischen Gebiet liegt, besonders eignet sich Phenolphthalein.

3. Bei der Titration schwacher Basen mit starken Säuren müssen Indicatoren verwendet werden, deren Umschlagsbereich im schwachsauren Gebiet liegt. Methylrot und Methylorange sind besonders geeignet.

4. Titrationen von schwachen Säuren mit schwachen Basen fuhren zu ungenauen Ergebnissen. Man vermeidet nach Möglichkeit derartige Neutralisationsanalysen.

Für einige der gebräuchlichsten Indicatoren ist das Umschlagsintervall in Abb. 13 am Rande eingezeichnet.

Aufgabe Nr. 26

Überlege, welche der eingezeichneten Indicatoren fur folgende Titrationen in Betracht kommen: $HClO_4/NaOH$; $HNO_3/NaOH$; HCl/NH_3; $H_2CO_3/NaOH$; *1. Dissoziationsstufe* $H_3PO_4/NaOH$; *2. Dissoziationsstufe* $H_3PO_4/NaOH$.

Kapitel IX

Ionenaustauscher — Oxydations- und Reduktionsanalysen — Komplexometrische Titration

Ionenaustauscher

Ionenaustauscher sind wasserunlösliche, hochmolekulare anorganische oder auch organische Stoffe, in deren dreidimensional vernetztes Molekülgerüst zahlreiche polare Atomgruppen wie

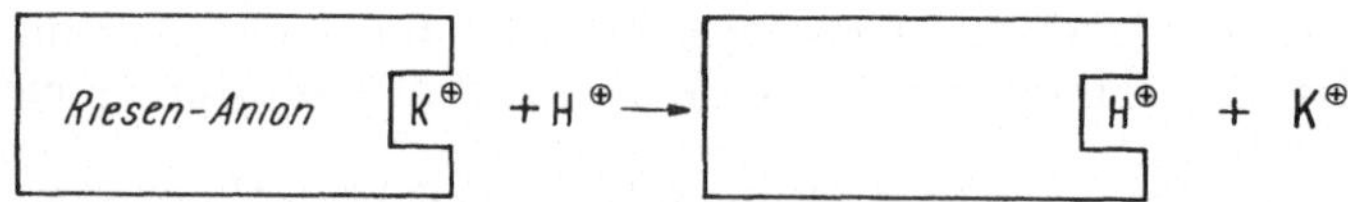

Abb. 14. Ionenaustausch, schematisch

—SO_3H, —OH, —COOH eingebaut sind. Der Wasserstoff dieser Gruppen ist hauptsächlich polar und daher nur locker gebunden, er kann infolgedessen leicht gegen andere Kationen ausgetauscht werden. Der Austauschvorgang ist reversibel. Ein mit Kationen beladener neutraler Ionenaustauscher wird daher beim Behandeln mit Säuren seine Kationen gegen Protonen austauschen und in die saure Form übergehen; diesen Vorgang zeigt schematisch Abb. 14.

Es gibt auch Anionenaustauscher, sie enthalten anstelle der sauren Gruppen basische quartäre Ammonium-Gruppen, $-\overset{\oplus}{N}R_3$.

Biologische Ionenaustauschvorgänge spielen im Organismus eine große Rolle. In zunehmendem Maße finden die künstlichen Ionenaustauscher auch Eingang in die Medizin. Beispielsweise dienen Austauscher zur Beseitigung des Calciums aus der Kuhmilch, da dieses die Milch für Säuglinge schwerverdaulich macht. Herz- und Leberkranken, die kochsalzarm ernährt werden sollen, gibt man künstliche Ionenaustauscher in die Speise, durch welche die schädlichen Natrium-Ionen gegen harmlose Wasserstoff- oder Kalium-Ionen ausgetauscht werden. Auf gleiche Weise läßt sich überschüssige Magensäure unschädlich machen. In der Technik werden Ionenaustauscher heute in großer Menge benötigt. Sie dienen zur Wasserenthärtung (S. 91) und zur Reinigung vieler Stoffe. Über die Verwendungsmöglichkeiten in der analytischen Chemie unterrichten die nächsten Versuche; sie vermitteln zugleich einen Einblick in die Wirkungsweise der Ionenaustauscher.

Mit Hilfe eines Ionenaustauschers läßt sich z. B. leicht der Kationen-Gehalt von Salzlösungen bestimmen. Es ist hierzu nur erforderlich, die Salzlösung durch eine Säule laufen zu lassen, in der sich ein mit H^+-Ionen beladener Austauscher befindet. Beim Durchfließen der Lösung werden die Kationen gegen Protonen ausgetauscht, so daß anstelle der oben eingegossenen Salzlösung unten eine äquivalente Säuremenge ausfließt, welche leicht durch eine alkalimetrische Titration bestimmt werden kann.

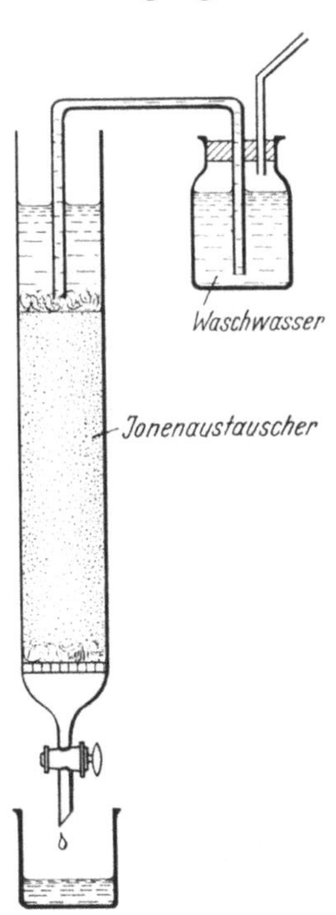

Abb 15 Ionenaustauscher-Säule (zweckmäßige Dimension 20—30 cm lang, 2—3 cm Durchmesser)

Versuch Nr. 98

Vorbereitung des Ionenaustauschers.

Die abgebildete Ionenaustauschersäule ist mit einem schon gequollenen und mit HCl vorbehandelten Austauscher („Lewatit", „Permutit" oder „Amberlite") gefüllt, seine Oberfläche ist also mit H^+-Ionen beladen. Für die folgende Bestimmung ist es erforderlich, daß keine anhaftende überschüssige Säure mehr vorhanden ist. Die Säule wird daher zunächst gründlich ausgewaschen. Hierzu werden etwa 30 ml destilliertes Wasser auf den Austauscher gegossen und der Abflußhahn so einreguliert, daß in der Sekunde 3 Tropfen ausfließen. Nach etwa 8—10 min ist das Wasser bis in die obere Watteschicht abgesunken; es wird erneut destilliertes Wasser nachgefüllt und so lange gewaschen, bis eine Probe der auslaufenden Flüssigkeit chloridfrei ist (mit $AgNO_3$ prüfen). Der p_H-Wert dieser Probe soll sich ebenfalls nicht von dem des zugegebenen destillierten Wassers unterscheiden. Sobald diese Bedingungen erfüllt sind, ist die Säule restlos ausgewaschen und für die nächste Bestimmung vorbereitet. Man schließe den Hahn und fülle noch so viel destilliertes Wasser nach, daß die Flüssigkeit etwa 2 cm über dem oberen Wattebausch in der Säule steht. Es ist wichtig, daß der Austauscher unter Wasser aufbewahrt wird.

Versuch Nr. 99

Ca-Bestimmung durch Ionenaustausch.

In einer vom Assistenten ausgegebenen Calciumchlorid-Losung soll der Gehalt an Calcium-Ionen bestimmt werden (20—90 mg in 20 ml). Dazu lasse man zunächst das Wasser in der Säule bis in den Wattebausch auslaufen, den Hahn drehe man darauf wieder zu. Anschließend wird die $CaCl_2$-Lösung in die Säule gefüllt und der Analysenbecher zweimal mit 5—10 ml Wasser nachgespült; dieses Waschwasser wird ebenfalls in die Säule gegeben. Unter den Hahn stelle man nun einen sauberen 300 oder 500 ml Weithals-Erlenmeyer-Kolben oder ein entsprechend großes Becherglas. Der Hahn wird jetzt so weit geöffnet, daß pro Sekunde etwa 1 Tropfen ausfließt. Nachdem die Flüssigkeit bis in den Wattebausch abgesunken ist, gibt man 30—40 ml Wasser nach und läßt in der gleichen Geschwindigkeit weiter abtropfen. Es wird in derselben Weise noch viermal mit der gleichen Wassermenge nachgewaschen, so daß am Ende des Austauschvorganges etwa 200 ml Flüssigkeit erhalten werden. Das Auswaschen dauert insgesamt etwa 2 Std. Um während dieser Zeit ungestört andere Versuche durchführen zu können, ist es zweckmäßig, nachdem das erste Waschwasser nachgefüllt wurde, die Säule nach Abb. 15 über einen Flüssigkeitsheber mit dem in der Vorratsflasche befindlichen Waschwasser zu verbinden. So kann der Austauscher auch ohne dauernde Aufsicht niemals trocken werden.

Nach Beendigung des Auswaschens wird der Hahn geschlossen. Die in der Lösung enthaltene Salzsäure titriere man mit 0,1 N NaOH gegen Methylrot. Aus dem Laugeverbrauch wird die Menge des Calciums berechnet, das Ergebnis wird in Milligramm Ca^{2+} angegeben.

Versuch Nr. 100

Regeneration des Ionen-Austauschers.

Der Austauscher enthält in seinen oberen Schichten nun anstelle der Protonen Calcium-Ionen. Er muß fur die nachfolgenden Kurse wieder vollständig mit H^+-Ionen beladen werden. Hierzu gibt man zweimal je 50 ml 3 N HCl auf den Austauscher; die Tropfgeschwindigkeit kann dabei 3—4 Tropfen in der Sekunde betragen. Daran anschließend wird noch zweimal mit der gleichen Menge Wasser ausgewaschen. Die Säule soll bei der Abgabe bis in den oberen Wattebausch mit Wasser gefüllt und mit einem Gummistopfen verschlossen sein.

Bei der Durchführung von Reihenuntersuchungen ist es nicht notwendig, die Säule nach jeder Bestimmung zu regenerieren. Die Austauschkapazität eines Kationenaustauschers beträgt etwa 2 mval pro Milliliter feuchtes Harz. Mit dem benutzten Austauscher (50 ml) könnten also noch gut 30—35 Bestimmungen durchgeführt werden, ehe er regeneriert werden müßte.

Oxydationsverfahren

a) Manganometrie

Bei den manganometrischen Methoden der Maßanalyse wird das große Oxydationsvermögen des Kaliumpermanganats ausgenutzt. Besonders vorteilhaft ist das Arbeiten in saurer Lösung, da das intensiv violette MnO_4^--Ion unter diesen Bedingungen bis zum farblosen Mn^{2+}-Ion reduziert wird. Der Endpunkt der Oxydation ist daher ohne Indicatorzusatz leicht an der ersten auftretenden Färbung des überschüssigen Reagens zu erkennen. Die generelle Gleichung für die Oxydation mit $KMnO_4$ in saurer Lösung lautet:

$$MnO_4^- + 8H^+ + 5\ominus \rightarrow Mn^{2+} + 4H_2O\,.$$

Da hierbei von einem Mangan-Atom gleich 5 Elektronen aufgenommen werden, beträgt das Äquivalentgewicht des $KMnO_4$ nur ein Fünftel des Formelgewichtes.

Versuch Nr. 101

Titerstellung einer 0,1 N $KMnO_4$-Lösung mit Natriumoxalat.

Eine vom Assistenten ausgegebene ungefähr 0,1 N $KMnO_4$-Lösung wird in die gesäuberte und getrocknete Schliffhahnbürette eingefüllt. Darauf werden 2 Proben wasserfreien Natriumoxalats von etwa 0,2 g auf der Analysenwaage genau eingewogen und im weithalsigen Erlenmeyerkolben mit je 100 ml Wasser gelöst; zu jeder Probe gibt man 5 ml konz. Schwefelsäure. Die Lösung wird auf etwa 50° erhitzt und warm titriert, bis die erste bleibende Rotfärbung den Endpunkt der Oxydation anzeigt. Bei der Berechnung der wirklichen Normalität ist zu beachten, daß 6,7 mg $Na_2C_2O_4$ einem Milliliter 0,1 N $KMnO_4$-Lösung entsprechen (Reaktionsgleichung S. 58). Auf der Basis dieser Reaktion läßt sich auch der Calciumgehalt des Serums bestimmen. Calcium wird als schwerlösliches Oxalat in ammoniakalischer Lösung gefällt und darauf mit Schwefelsäure gelöst und die äquivalente Oxalsäure titriert.

Versuch Nr. 102

Manganometrische Bestimmung des Wasserstoffperoxyds.

Mit der Meßpipette werden 2 ml einer 3%igen Wasserstoffperoxyd-Lösung in einen weithalsigen Erlenmeyer-Kolben gegeben. Man verdünne mit 100 ml Wasser und füge 10 ml halbkonz. Schwefelsäure hinzu. Es wird in der Kälte austitriert. Die Reaktion verläuft nach:

$$2MnO_4^- + 5H_2O_2 + 6H^+ \rightarrow 2Mn^{2+} + 5O_2 + 8H_2O$$

1 ml 0,1 N $KMnO_4$-Lösung zeigt $^1/_{10}$ Millival, also 1.7008 mg H_2O_2 an.

b) Jodometrie

Die jodometrischen Verfahren der Maßanalyse sind sehr vielseitig anwendbar. Dies beruht vor allem auf der leichten Umkehrbarkeit der Reaktion:

$$J_2 + 2\ominus \rightleftharpoons 2J^-.$$

Einerseits lassen sich viele Reduktionsmittel mit Jod titrieren, wie z. B. das Sulfidion nach

$$S^{2-} + J_2 \rightleftharpoons 2J^- + S;$$

andererseits vermögen aber auch viele Oxydationsmittel in saurem Medium Jodid zu elementarem Jod zu oxydieren, welches nun hinterher mit einer eingestellten Lösung eines Reduktionsmittels titriert werden kann. Ein Beispiel für die leichte Oxydierbarkeit von J^- zu J_2 war die in Versuch Nr. 76 beschriebene Reaktion zwischen elementarem Chlor und Jodid:

$$Cl_2 + 2J^- \rightleftharpoons 2Cl^- + J_2.$$

Zur Titration des ausgeschiedenen Jods verwendet man Natriumthiosulfat, $Na_2S_2O_3$, dessen Anion in neutraler oder schwachsaurer Lösung nach:

$$J_2 + 2S_2O_3^{2-} \rightarrow 2J^- + S_4O_6^{2-}$$

quantitativ zum Tetrathionat-Ion, $S_4O_6^{2-}$, oxydiert wird. Diese Reaktion ist die Grundlage aller jodometrischen Titrationen, die der Bestimmung von Oxydationsmitteln dienen.

In der Praxis arbeitet man meist mit 0,1 N Lösungen, die 0,1 N Jodlösung enthalt 12,691 g Jod in einem Liter Lösung, die 0,1 N Thiosulfat-Lösung 24,819 g ($Na_2S_2O_3 \cdot 5H_2O$).

Der Endpunkt aller jodometrischen Titrationen ist an dem ersten Auftreten bzw. an dem vollständigem Verschwinden der gelbbraunen Farbe des Jods zu erkennen. Die Empfindlichkeit des Jodnachweises läßt sich durch Zusatz von wenig Stärkelösung wesentlich steigern, hierbei bildet sich eine tiefblaue Einschluß-Verbindung, die Jodstärke. Das Auftreten der Blaufarbung ist an die gleichzeitige Anwesenheit von Jod-Ionen gebunden.

Versuch Nr. 103

Ein Tropfen einer Jod-Jodkalium-Losung (s. S. 5) wird mit Wasser soweit verdünnt, daß nur noch eine ganz schwache Gelbfärbung wahrnehmbar ist. Zu dieser Lösung gebe man einen Tropfen einer etwa 0,2%igen Starkelosung, die Lösung färbt sich blau. Nach Zusatz von 1—2 Tropfen $Na_2S_2O_3$-Lösung wird die Lösung farblos.

Versuch Nr. 104

Jodometrische Bestimmung von Aceton.

Mit der Pipette werden 10 ml 0,1 N Jod-Lösung abgemessen und in einen weithalsigen Erlenmeyer-Kolben gefüllt, dazu werden 100 ml Wasser und 20 ml einer 20%igen NaOH-Lösung gegeben. In diese Mischung gebe man 20 ml einer vom Assistenten ausgegebenen Aceton-Lösung in Wasser (6—8 mg Aceton in 20 ml). Nachdem die Mischung etwa 15 min gestanden hat, fuge man 25 ml halbkonz. Schwefelsäure hinzu, so daß die Lösung sauer reagiert und durch Jodausscheidung einen bräunlichen Farbton annimmt. Das unverbrauchte Jod wird mit 0,01 N Thiosulfat-Losung zurücktitriert. Gegen Ende der Reaktion werden einige Tropfen der 0,2%igen Stärkelosung zugesetzt und bis zur Entfärbung titriert.

Aceton reagiert mit Jod unter Bildung von Jodoform und Essigsäure nach

$$CH_3-\overset{\overset{\displaystyle O}{\|}}{C}-CH_3 + 3J_2 + H_2O \rightarrow CHJ_3 + 3HJ + CH_3COOH.$$

Hieraus folgt, daß ein Jodatom einem Sechstel des Formelgewichtes des Acetons entspricht; 1 ml 0,01 N Jodlösung demnach 0,0967 mg Aceton. Werden z. B. 20 ml der 0,01 N Thiosulfat-Lösung für die Rücktitration des unverbrauchten Jods benötigt, so sind in der Lösung 80 · 0,0967 mg Aceton enthalten. Diese Titration wird zur Bestimmung der Acetonkörper im Harn und Blut angewendet.

Komplexometrische Titration

Mit Hilfe der komplexometrischen Methoden gelingt es, eine große Zahl sehr verschiedener Metall-Kationen zu titrieren. Kennzeichnend für diese Verfahren ist die Entstehung von „Chelat-Komplexen"*, die sich zwischen einem Metall-Ion und dem bei der Titration zugesetzten Komplexbildner bilden. Neben der Nitrilotriessigsäure, $N(CH_2COOH)_3$, ist vor allem Äthylendiamintetraessigsäure als Komplexbildner geeignet; sie kommt meist in Form ihres Dinatriumsalzes (Komplexon III) zur Anwendung.

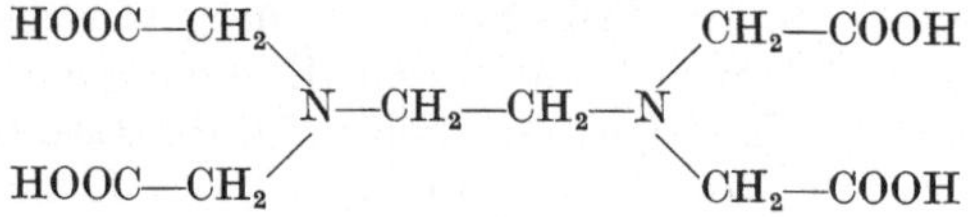

$$\begin{array}{ccc} HOOC{-}CH_2 & & CH_2{-}COOH \\ & \diagdown\ \ \diagup & \\ & N{-}CH_2{-}CH_2{-}N & \\ & \diagup\ \ \diagdown & \\ HOOC{-}CH_2 & & CH_2{-}COOH \end{array}$$

Äthylendiamintetraessigsäure

Die entstehenden Komplexe enthalten das Metall — unabhängig von seiner Ladung — und Komplexon im Verhältnis 1:1. Von verschiedenen Ausführungsformen der komplexometrischen Titration sei die direkte Titration von Metall-Ionen etwas ausführlicher besprochen. Diese Methode beruht im Prinzip darauf, daß der Komplexbildner als Maßflüssigkeit zu der Lösung des zu bestimmenden Metalls zugesetzt wird. Der Äquivalenzpunkt ist dabei durch das sprunghafte Absinken der betreffenden Metallionenkonzentration gekennzeichnet; er wird durch den Farbumschlag eines Metallindicators angezeigt, welcher analog auf die Metallionenkonzentration anspricht wie ein Säure-Base-Indicator auf die Wasserstoffionenkonzentration. In der Regel wird die direkte komplexometrische Titration im alkalischen Gebiet bei $p_H = 10$ durchgeführt. Um die bei diesem p_H meist eintretende Hydroxydfällung vieler Metalle zu unterbinden, werden einige ml einer NH_4^+/NH_3-Pufferlösung zugesetzt. Falls die Pufferwirkung nicht ausreicht, um die Ausfällung des Hydroxyds zu verhindern — das ist z. B. bei Mn^{2+} und Pb^{2+} der Fall — können auch Hilfskomplexbildner wie Weinsäure, Zitronensäure

* Chelate (χηλή) = Krebsschere, weil das Metallion von 2 Atomen des Liganden wie von einer Krebsschere umfaßt wird.

oder Kaliumcyanid zugegeben werden. Über weitere Ausführungsformen der komplexometrischen Titration siehe die zu diesem Kapitel angeführte Literatur.

Versuch Nr. 105

Als praktisches Beispiel wird die Bestimmung der Kalkhärte im Leitungswasser durchgeführt. Es werden folgende Lösungen benötigt:

a) Eine 0,02 N Komplexon III-Lösung (7,444 g in 1000 ml Lösung).

b) Indicator: eine gesättigte Murexid-Lösung in Wasser (die Lösung ist nicht haltbar und muß daher stets frisch angesetzt werden).

c) Etwa 1 N Natronlauge.

Ausführung: 100 ml Wasser werden mit 2 ml NaOH und 3 bis 6 Tropfen der Murexid-Lösung versetzt. Um zu vermeiden, daß $CaCO_3$ ausfällt, muß unmittelbar nach Zugabe der Natronlauge titriert werden. Im Äquivalenzpunkt schlägt die rote Farbe nach Purpur um; die rote Farbe ist einer lockeren Komplexverbindung zwischen Calcium und Murexid zu eigen, Komplexon III ist jedoch ein stärkerer Komplexbildner und bindet Calcium fester. Bei quantitativer Maskierung des Calciums erscheint daher die Alkalifarbe des reinen Murexids.

Bei der Berechnung ist zu berücksichtigen, daß ein Milliliter der 0,02 N Komplexon-Lösung 0,8016 mg Ca oder 1,12 deutschen Härtegraden entspricht. Die gefundene Kalkhärte des Wassers wird sowohl als Ca^{2+}-Gehalt als auch in Härtegraden angegeben.

Wasserhärte. Wasser, welches Calcium- und Magnesium-Salze enthält, wird als hart bezeichnet. Dabei unterscheidet man zwischen der Gesamthärte (Summe aller Calcium- und Magnesium-Salze) und der Kalk- bzw. Magnesia-Härte. Sehr zweckmäßig ist häufig eine Unterscheidung nach vorübergehender (temporärer) und bleibender (permanenter) Härte. Die vorübergehende Härte beruht auf der Anwesenheit der löslichen Hydrogencarbonate $Ca(HCO_3)_2$ und $Mg(HCO_3)_2$. Diese Härte verschwindet beim Kochen, da hierbei nach

$$Ca(HCO_3)_2 \rightleftharpoons CaCO_3 \downarrow + H_2O + CO_2 \uparrow$$

Kohlendioxyd entweicht und sich schwerlösliches Calciumcarbonat abscheidet (Kesselsteinbildung!). Die permanente Härte ist dagegen auf die Anwesenheit löslicher Chloride und Sulfate zurückzuführen, sie bleibt beim Kochen des Wassers bestehen.

Versuch Nr. 106

In etwas „Kalkwasser", $Ca(OH)_2$, blase man mittels eines Glasrohres die an Kohlendioxyd angereicherte Ausatmungsluft. Die Lösung trübt sich, da nach

$$Ca(OH)_2 + CO_2 \rightarrow CaCO_3\downarrow + H_2O$$

schwerlösliches Calciumcarbonat ausfällt. Beim längeren Einblasen hellt sich die Lösung wieder auf, sie wird bei genügender Ausdauer schließlich wieder vollkommen klar, da nach

$$CaCO_3 + CO_2 + H_2O \rightleftharpoons Ca^{2+} + 2HCO_3^-$$

leicht losliches Hydrogencarbonat entsteht. Wird die klare Losung nun einige Zeit gekocht, so scheidet sich wieder Calciumcarbonat ab, da das obige Gleichgewicht durch Austreiben des Kohlendioxyds nach links verschoben wird.

Aufgabe Nr. 27

Aus 200 ml Leitungswasser wurde das Calcium als Oxalat, CaC_2O_4, ausgefällt und nach gründlichem Auswaschen in überschüssiger Schwefelsäure gelöst. Bei der Titration mit 0,1 N $KMnO_4$-Lösung wurden 13,2 ml des Permanganats verbraucht. Berechne den Gehalt an CaO in g pro Liter.

Aufgabe Nr. 28

Aus 50 ml acetonhaltigem Harn wurde das Aceton abdestilliert. Das aufgefangene Destillat wurde mit 50 ml 0,1 N Jod-Lösung versetzt und alkalisch gemacht, nach der auf S. 89 angegebenen Gleichung wird das Aceton quantitativ in Jodoform überführt. Nach Ansäuern mit verd. Schwefelsäure wurde das unverbrauchte Jod mit Thiosulfat zurücktitriert. Dazu waren 32,3 ml 0,1 N $Na_2S_2O_3$-Lösung notwendig. Wieviel Gramm Aceton sind in 1 l Harn enthalten?

ORGANISCHER TEIL

Kapitel X

Besonderheiten der Kohlenstoffchemie — Einteilung der organischen Verbindungen nach Substitutionsprodukten — Einfache Substitution, zweifache Substitution, dreifache Substitution an einem C-Atom oder an mehreren

Besonderheiten der Kohlenstoffchemie

Die Chemie der Kohlenstoffverbindungen wird wegen ihres engen Zusammenhanges mit den pflanzlichen und tierischen

Organismen auch als Organische Chemie bezeichnet. Sie umfaßt eine Vielzahl von Verbindungen, welche die Gesamtzahl der Verbindungen aller anderen Elemente zusammengenommen weit übertrifft. Diese Mannigfaltigkeit liegt hauptsächlich in drei Besonderheiten der Chemie des Kohlenstoffs begründet:

Erstens ist der Kohlenstoff in seinen Verbindungen fast ausnahmslos vierwertig.

Zweitens besitzt der Kohlenstoff wie kein zweites Element die Fähigkeit, mit sich selbst in Bindung zu treten und hierbei ketten- und ringförmige Verbindungen zu bilden.

Drittens sind die mit dem Kohlenstoff in Bindung stehenden Elemente (vor allem Kohlenstoff und Wasserstoff, ferner Sauerstoff, Stickstoff und Schwefel) fast ausschließlich durch homöopolare Bindungen gebunden.

Diese Bindungsart ist sehr viel fester als die heteropolare Bindung; die Moleküle der Kohlenstoffverbindungen bleiben daher beim Verdampfen sowie beim Lösen unzerstört erhalten. Eine ionenartige Dissoziation solcher Atome oder Atomgruppen, welche unmittelbar an C-Atome gebunden sind, tritt daher auch in stark polaren Lösungsmitteln nicht ein.

Eine weitere Eigentümlichkeit des Kohlenstoffs ist die Fähigkeit zur Ausbildung von Mehrfachbindungen zwischen zwei C-Atomen. Solche „ungesättigten" Verbindungen sind im allgemeinen sehr reaktionsfreudig, sie addieren leicht andere Stoffe und bilden dabei gesättigte Verbindungen. Nur wenn, wie im Benzol, drei Einfach- und drei Doppelbindungen alternierend in einem Sechsring-Molekül vorliegen, geht der ungesättigte Charakter der Mehrfachbindungen verloren, die Verbindung ist dann „aromatisch" geworden. Dieser aromatische Zustand beruht darauf, daß in Wirklichkeit keine isolierten Doppelbindungen mehr vorliegen, vielmehr haben sich die sechs „π-Elektronen"* der drei Doppelbindungen gleichmäßig über den ebenen Ring des Benzolmoleküls verteilt. Infolge dieser gleichmäßigen Ladungsverteilung besitzt das Molekül keinen Angriffspunkt mehr, es ist reaktionsträge

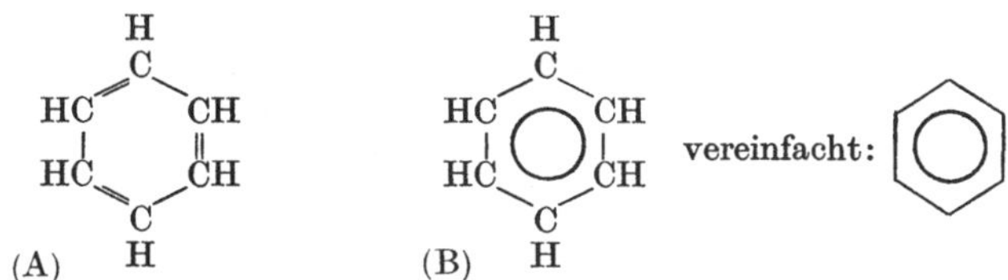

* Die Elektronen der Einfachbindungen werden als „σ-Elektronen" bezeichnet.

geworden. Die neuere Schreibweise (B) bringt dieses Reaktionsverhalten besser zum Ausdruck als die von A. KEKULÉ vorgeschlagene Schreibweise (A).

Versuch Nr. 107

Nachweis von Kohlenstoff und Wasserstoff. Man setze das Gerat nach Abb. 8 zusammen und gebe in das trockene Reagensglas *a* eine Mischung von einer kleinen Spatelspitze Campher oder einer anderen organischen Substanz mit einigen Spatelspitzen Kupfer(II)-Oxyd. In *b* wird Barytwasser zum Nachweis des bei der Verbrennung des Kohlenstoffs gebildeten CO_2 eingefüllt. Nun erhitze man *a* über einer kleinen Flamme; das CuO oxydiert den Kohlenstoff der organischen Substanz zu CO_2, das in der Vorlage als $BaCO_3$ ausgeschieden wird. Der Wasserstoff der Verbindung wird zu Wasser verbrannt, er schlägt sich an den kalteren Stellen des Reagensglases in Form kleiner Tröpfchen nieder.

Versuch Nr. 108

Im Reagensglas werden einige Tropfen Chloroform, $CHCl_3$, mit einer wäßrigen Silbernitrat-Lösung kräftig geschüttelt. Die Lösung bleibt klar, da das Chlor homöopolar und nicht ionogen an Kohlenstoff gebunden ist. Beachte den Unterschied zu der Reaktion des $AgNO_3$ mit Kochsalz (Vers. Nr. 29).

Versuch Nr. 109

Nachweis von Mehrfachbindungen.

Im Reagensglas werden wenige Tropfen Cyclohexen in 1—2 ml Chloroform gelöst. Hierzu gebe man einige Tropfen einer Lösung von wenig Brom in Chloroform. Die braune Farbe des Broms verschwindet, da es sich an die Doppelbindung unter Bildung des Cyclohexendibromids anlagert.

```
        H2                          H2
        C                           C
     /     \                     /     \
 H2C         CH              H2C         CHBr
  |          ||    + Br2 →    |           |
 H2C         CH              H2C         CHBr
     \     /                     \     /
        C                           C
        H2                          H2
```

Versuch Nr. 110

Einige Tropfen Cyclohexen werden in 2 ml kaltem Alkohol gelöst, dazu gibt man einige Tropfen verd. Sodalösung und dann einen Tropfen verd. Permanganatlosung. Das Verschwinden der violetten Farbe zeigt die Gegenwart von Doppelbindungen an. Bei der Reaktion entsteht ein Glykol:

```
           H2
           C
         /   \
     H2C       CHOH
      |          |
     H2C       CHOH
         \   /
           C
           H2
```

Versuch Nr. 111

Der Versuch wird in der Apparatur nach Abb. 8 ausgeführt. In *a* gebe man etwas Calciumcarbid, CaC_2; in *b* 4—5 ml Bromwasser. Nun wird das Calciumcarbid mit einigen Millilitern gesättigter Kochsalzlösung übergossen (Wasser würde zu heftig reagieren!). In *a* wird Acetylen, $HC{\equiv}CH$, entwickelt:

$$\begin{matrix} C^- \\ ||| \\ C^- \end{matrix} \; Ca^{2+} + \begin{matrix} HOH \\ \\ HOH \end{matrix} \rightarrow \begin{matrix} CH \\ ||| \\ CH \end{matrix} + Ca^{2+} \begin{matrix} OH^- \\ \\ OH^- \end{matrix} ,$$

das mit dem Brom zu 1,2-Tetrabromäthan reagiert. Die Substanz ist in Wasser unlöslich, sie scheidet sich in Form kleiner Öltröpfchen ab. Gib die Reaktionsgleichung an!

Versuch Nr. 112

Zu etwas Benzol werden einige Tropfen einer Bromlösung in Chloroform gegeben und kräftig geschüttelt. Es ist keine Entfarbung zu beobachten, da im Benzolring keine echten Doppelbindungen vorliegen. Erklärung S. 93.

Die Einteilung der organischen Verbindungen nach Substitutionsprodukten

Eine ordnende Einteilung der mannigfaltigen organischen Stoffe läßt sich durchführen, wenn man von den Kohlenwasserstoffen ausgeht. In diesen Substanzen ist der Kohlenstoff nur mit Wasserstoff verbunden. Der einfachste Kohlenwasserstoff ist das Methan, die nächsten Glieder in der Reihe der gesättigten Kohlenwasserstoffe sind das Äthan, das Propan, das Butan usw. Alle Paraffinkohlenwasserstoffe entsprechen der Formel C_nH_{2n+2}; ihre Struktur wird durch folgende Formelbilder wiedergegeben:

Methan	Äthan	Propan	Butan *
H HCH H	H H HC—CH H H	H H H HC—C—CH H H H	H H H H HC—C—C—CH H H H H

An Kohlenwasserstoffen kennt man noch die Cycloparaffine — das sind ringförmig gebaute gesattigte Kohlenwasserstoffe wie das Cyclohexan, C_6H_{12} — ferner die ungesättigten Kohlenwasserstoffe, die „Olefine", sowie die Acetylenkohlenwasserstoffe mit Dreifachbindungen und die sich vom Benzol ableitenden aromatischen Kohlenwasserstoffe.

Formal lassen sich die Wasserstoffatome der Kohlenwasserstoffe durch andere Atome oder Atomgruppen ersetzen. Dieser Ersatz eines Wasserstoffs wird auch als Substitution bezeichnet. Manche solcher Substitutionen sind nicht nur formal, sie lassen sich auch im Experiment durchführen. Das ist z. B. bei der Reaktion von Methan mit Chlor der Fall, hierbei entsteht nach

$$CH_4 + Cl_2 \rightarrow CH_3Cl + HCl$$

Methylchlorid und Chlorwasserstoff. Wird, wie in diesem Fall, nur ein Wasserstoffatom durch Chlor oder durch andere einwertige Gruppen ersetzt, so spricht man von einfacher Substitution. Werden an einem Kohlenstoffatom gleich zwei Wasserstoffatome durch 2 einwertige oder einen zweiwertigen Rest ersetzt, so wird der Vorgang als zweifache Substitution bezeichnet. Dreifache Substitution liegt dann vor, wenn sich an einem Kohlenstoffatom gleich 3 einwertige, 1 zweiwertiger und 1 einwertiger oder aber 1 dreiwertiger Substituent anstelle von 3 Wasserstoffatomen befinden.

Einfache Substitution am C-Atom

In diese Gruppe gehören alle Substanzen, die sich von einem Kohlenwasserstoff durch Ersatz eines Wasserstoffatoms ableiten. Zu den wichtigsten einwertigen Substituenten zählen die Halogene sowie die Gruppen: $-OH$, $-NH_2$, $-NO_2$ und $-SO_3H$. In die Systematik dieser Verbindungen gehören weiterhin auch die Stoffe, bei denen an verschiedenen C-Atomen einfache Substitutionen stattgefunden haben. Hierzu gehoren z. B. das durch Addition von Brom an Cyclohexen entstandene Cyclohexendibromid (Vers.Nr.109) und der dreiwertige Alkohol Glycerin (S. 127). In den folgenden Versuchen werden einige der in diese Gruppe gehörigen Verbindungen nebst ihren charakteristischen Reaktionen behandelt.

* Neben dem geradkettigen normal-Butan gibt es auch noch das verzweigte *Isobutan* $(CH_3)_3CH$. Es hat die gleiche Zusammensetzung C_4H_{10}. Verbindungen mit gleicher Summenformel, aber verschiedener Konstitution werden als *isomer* bezeichnet.

a) Halogenalkyle

In den Halogenalkylen ist das Halogen (F, Cl, Br, J) homöopolar und daher relativ fest gebunden. Dennoch gelingt es, die Verbindungen mit heißem Wasserdampf oder mit alkoholischer Kalilauge in der Hitze zu den Hydroxylverbindungen zu hydrolysieren, hierbei nimmt die Reaktionsgeschwindigkeit von den Fluor- zu den Jod-Verbindungen zu. Da bei der Hydrolyse Alkohole und Halogenwasserstoffe entstehen, können die Halogenalkyle auch als Ester der Halogenwasserstoffsäuren angesehen werden. Das Äthylchlorid und das -bromid finden in der Medizin bei der Kälteanaesthesie Verwendung.

Versuch Nr. 113

Soll an Kohlenstoff gebundenes Halogen nachgewiesen werden, so bedarf es hierzu kräftigerer Reaktionsbedingungen. Wenige Tropfen Benzylchlorid, $C_6H_5CH_2Cl$, werden mit einer Lösung von 2—3 Plätzchen Ätzkali in 2 ml Methanol vermischt und einige Minuten im Wasserbad zum Sieden erhitzt. Nach Verdünnen mit Wasser lassen sich jetzt mittels $AgNO_3$ Chlor-Ionen nachweisen. Das Chlor ist bei dieser Reaktion durch die OH-Gruppe ersetzt worden, es ist also ein Alkohol entstanden.

$$C_6H_5 - CH_2Cl + KOH \rightarrow C_6H_5 - CH_2OH + KCl\,.$$

b) Alkohole

Verbindungen, die an einem C-Atom den einwertigen Rest —OH enthalten, heißen Alkohole. Das in dieser Hydroxylgruppe gebundene Wasserstoffatom hat andere Eigenschaften als die an Kohlenstoff gebundenen Wasserstoffe. Es läßt sich — sofern kein Wasser zugegen ist — durch Metall ersetzen. Natrium lost sich z. B. in Methylalkohol nach

$$CH_3OH + Na \rightarrow CH_3ONa + {}^1/_2 H_2$$

auf, dabei entstehen Natriumalkoholat und Wasserstoff. Die „Protonenaktivität" der Alkohole ist jedoch nur gering, in Wasser reagieren die aliphatischen Alkohole neutral. Dagegen zeigt das an den aromatischen Kern gebundene Hydroxyl auch in wäßriger Lösung saure Eigenschaften; Phenol (Carbolsäure) ist in Wasser eine schwache Säure.

Je nachdem, ob die „Carbinol-Gruppe" COH mit einem, mit zwei oder mit drei anderen C-Atomen verbunden ist, unterscheidet man in der gleichen Reihenfolge zwischen primären, sekundären oder tertiären Alkoholen:

```
                C          C
   H             \H         \
C—C—OH           C—OH     C—C—OH
   H            /           /
               C           C
 primär      sekundär     tertiar
```

Verbindungen, die an mehreren Kohlenstoffatomen Hydroxylgruppen tragen, werden als mehrwertige Alkohole bezeichnet; Glycerin (S. 127) ist z. B. ein dreiwertiger Alkohol.

Bei der Reaktion der Alkohole mit Säuren werden unter Wasseraustritt Ester gebildet (S. 43). Reagieren zwei Moleküle Alkohol derart miteinander, daß zwischen den beiden OH-Gruppen Wasser austritt und sich beide Molekülereste über eine Sauerstoffbrücke verbinden, so werden Äther erhalten.

Die Alkohole finden vielfach Verwendung. Von den verschiedenen Alkoholen ist nur der Äthylalkohol genießbar, Methylalkohol ist sehr giftig!

Versuch Nr. 114

Im Reagensglas wird 1 ml Äthylalkohol mit einigen Millilitern konz. Schwefelsäure versetzt und das Gemisch kurze Zeit erhitzt. Anschließend wird das Reagensglas unter der Wasserleitung abgekühlt, da der leichtflüchtige Äther sonst vollständig verdampfen würde. Der entstandene Diäthyläther kann leicht an seinem Geruch erkannt werden. Diäthyläther findet als Narkoticum Verwendung. Gib die Reaktionsgleichung an!

Versuch Nr. 115

Man gebe zu einer Spatelspitze Phenol 1—2 ml Wasser und prüfe auf seine Reaktion gegen Indicatorpapier. Auf Zusatz von Natronlauge geht das Phenol nach

$$C_6H_5OH + Na^+ + OH^- \rightarrow C_6H_5O^- + Na^+ + H_2O$$

in Lösung. Es scheidet sich beim Ansäuern mit verd. Salzsäure wieder ab.

Versuch Nr. 116

Eine kleine Spatelspitze Phenol wird mit einigen Millilitern Wasser kräftig geschüttelt und zu der Lösung ein Tropfen Eisen(III)-chlorid-Lösung gegeben, es entsteht eine violette Färbung. An dieser Farbreaktion können phenolische — d. h. aromatisch gebundene — Hydroxylgruppen erkannt werden.

Versuch Nr. 117

Durch den Eintritt der Hydroxylgruppe in den aromatischen Ring werden die Kernwasserstoffatome in der ortho- und para-Stellung* erheblich reaktionsfähiger. Dies zeigt sich z. B. bei der Reaktion mit Brom. Eine Spatelspitze Phenol wird mit einigen Millilitern Wasser geschüttelt. Man gießt die Lösung vom ungelöst gebliebenen Phenol ab und füge einige Milliliter Bromwasser hinzu. Es scheidet sich ein weißer Niederschlag einer Bromverbindung ab, gleichzeitig verschwindet die braune Farbe des Broms. Bei der Umsetzung findet keine Addition an die Doppelbindung statt, sondern eine Substitutionsreaktion nach

$$\overset{\overset{\text{OH}}{|}}{\text{C}}\cdots\text{C}\,\boxed{\text{H} + \text{Br}}\,\text{Br} \longrightarrow \overset{\overset{\text{OH}}{|}}{\text{C}}\cdots\text{CBr} + \text{HBr}\,.$$

Aufgabe Nr. 29

Bei der vorstehenden Reaktion verbrauchen 0,94 g Phenol 4,79 g Brom. Welche Formel hat die Bromverbindung?

c) Amine

Die basischen Eigenschaften der Amine und die Systematik dieser Stoffklasse wurden bereits auf S. 44 behandelt. Zur Unterscheidung der primären, sekundären und tertiaren Amine ist die Reaktion mit Salpetriger Säure geeignet. Hierbei reagieren die primären aliphatischen Amine derart, daß nach

$$\text{C}_2\text{H}_5\text{—NH}_2 + \text{ONOH} \rightarrow \text{C}_2\text{H}_5\text{OH} + \text{H}_2\text{O} + \text{N}_2\uparrow$$

Alkohol, Wasser und Stickstoff gebildet werden.

Sekundäre Amine bilden mit HNO_2 Nitrosamine:

$$\text{C}_6\text{H}_5\text{—}\overset{\overset{\text{CH}_3}{|}}{\text{N}}\boxed{\text{H} + \text{HO}}\text{NO} \rightarrow \text{C}_6\text{H}_5 - \overset{\overset{\text{CH}_3}{|}}{\text{N}}\text{—N} = \text{O} + \text{H}_2\text{O}\,;$$

tertiare aliphatische Amine bleiben dagegen unverändert.

---

* Stellungsisomerie beim Eintritt eines 2. Substituenten in den Benzolring:

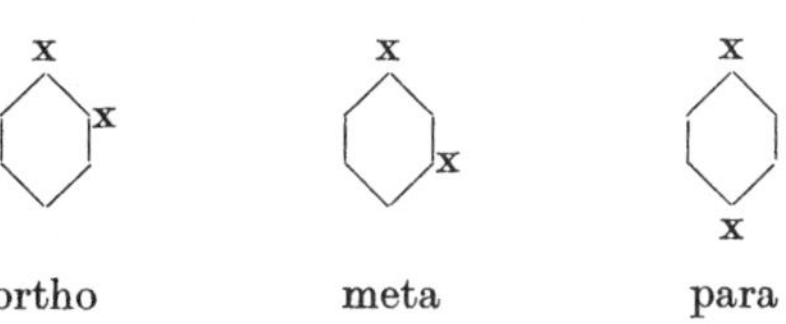

Von besonderer Bedeutung ist das Verhalten von Salpetriger Saure gegen primäre aromatische Amine in der Kälte. Hierbei werden Zwischenverbindungen mit zwei Stickstoffatomen — die Diazoniumverbindungen — gebildet, welche als Zwischenprodukte bei der Herstellung der Azofarbstoffe große Bedeutung besitzen. In der Warme zerfallen die Diazoniumverbindungen ebenfalls zu Phenol, Stickstoff und Wasser. Einige Azofarbstoffe sind wichtige Heilmittel.

Versuch Nr. 118

Eine Spatelspitze salzsaures Äthylamin wird in wenig Wasser gelöst, dazu gebe man 2 ml Natriumnitrit-Losung und einige Tropfen verdünnte Salzsäure. Es entweicht Stickstoff, welcher einen in das Reagensglas eingeführten glimmenden Span zum Erlöschen bringt.

Versuch Nr. 119

Einige Tropfen Anilin werden mit 2 ml verdünnter Salzsäure versetzt und zu der mit Eiswasser gekühlten Lösung 1 ml einer $NaNO_2$-Lösung hinzugegeben. Die Lösung enthält das in der Kalte beständige Phenyldiazoniumchlorid. Beim Erwärmen spaltet sich Stickstoff ab, während gleichzeitig der charakteristische Geruch des Phenols wahrnehmbar wird. Prüfe auf Phenol nach Vers. Nr. 116, nachdem zuvor die überschüssige Salpetrige Säure durch Zusatz von etwas Amidosulfonsäure entfernt wurde.

$$C_6H_5\text{—}NH_2 + ONOH + HCl \rightarrow \left[C_6H_5\ \overset{\oplus}{N}\equiv N|\right] Cl^- + 2\,H_2O$$

$$C_6H_5N_2Cl + H_2O \rightarrow C_6H_5OH + N_2\uparrow + HCl\,.$$

Versuch Nr. 120

Darstellung eines Azofarbstoffes · 2 g Sulfanilsäure werden in 5 ml 2 N Natronlauge gelöst. In einem kleinen Erlenmeyer-Kölbchen werden zu dieser Lösung etwa 0,8 g $NaNO_2$ in 10 ml Wasser gegeben. Man stelle das Kölbchen zur Kühlung in ein mit Eiswasser gefülltes Becherglas und gieße 5 ml 2 N HCl in die Lösung ein. Nun wird die gekühlte Mischung mit einer Lösung von 1,2 g Dimethylanilin in 10 ml 1 N HCl vermischt. Nach Zufügen von verdünnter Natronlauge bis zur deutlich alkalischen Reaktion scheidet sich das Natriumsalz des Farbstoffes ab, das abfiltriert und zwischen Filtrierpapier getrocknet wird. Der erhaltene Farbstoff ist der bei der Neutralisationsanalyse benutzte Indicator Methylorange.

$$NaO_3S-C_6H_4-N=N\boxed{OH + H}C_6H_4-N(CH_3)_2 \longrightarrow$$

$$NaO_3S-C_6H_4-N=N-C_6H_4-N(CH_3)_2$$

d) Nitroverbindungen

Nitroverbindungen sind Substitutionsprodukte der Kohlenwasserstoffe, in denen ein Wasserstoffatom durch den Rest $-NO_2$ ersetzt ist. Wahrend die Paraffinkohlenwasserstoffe im allgemeinen nur schwer „nitriert" werden können, lassen sich die Kernwasserstoffatome aromatischer Verbindungen durch direkte Einwirkung von Salpetersäure oder „Nitriersäure" (ein Gemisch von H_2SO_4 und HNO_3) durch die Nitrogruppe substituieren. Durch Reduktion der Nitrokohlenwasserstoffe lassen sich leicht primäre Amine gewinnen.

Versuch Nr. 121

Eine Mischung von 4 ml konz. Schwefelsäure und 2 ml konz. Salpetersäure wird gleichmäßig auf zwei Reagensgläser verteilt. Zu der einen Probe gebe man einige Tropfen hochsiedenden Petroläther (ein Gemisch verschiedener Kohlenwasserstoffe), zu der anderen Probe füge man einige Tropfen Benzol. Beide Mischungen werden einige Zeit geschuttelt. Nur das Benzol reagiert heftig, dabei entsteht Nitrobenzol. Sobald die Reaktion beendet ist, gießt man die Mischung in ein mit Wasser gefülltes Becherglas. Das Nitrobenzol sinkt zu Boden, es ist eine nach bitteren Mandeln riechende Flüssigkeit. Bei der Aufstellung der Reaktionsgleichung ist zu beachten, daß die Schwefelsäure nicht in Erscheinung tritt; sie dient lediglich zur Bindung des bei der Reaktion freiwerdenden Wassers.

Das Antibioticum Chloromycetin ist ein in der Natur vorkommendes Derivat des Nitrobenzols.

Zweifache Substitution am C-Atom

Zu den wichtigsten Verbindungen, die sich von den Kohlenwasserstoffen durch zweifache Substitution an einem Kohlenstoffatom ableiten, gehören die Aldehyde und Ketone.

Aldehyde und Ketone

Aldehyde entstehen, wie bereits der Name erkennen läßt, durch Dehydrierung von Alkoholen. Entzieht man primären Alkoholen durch Oxydation zwei Wasserstoffatome, so entsteht nach

$$R-CH_2-OH \xrightarrow{-H_2} R-C(=O)H$$

ein Aldehyd mit der charakteristischen Gruppe $-C(=O)H$; in ihr ist die Carbonylgruppe, $>C=O$, jeweils mit einem Wasserstoffatom und einem Kohlenwasserstoffrest verbunden. Nur im ersten Glied, dem Formaldehyd, H—CHO, befindet sich anstelle des Kohlenwasserstoffrestes ein zweites Wasserstoffatom an der Carbonylgruppe. Die Benennung der Aldehyde erfolgt in der Regel nach der Säure, die durch weitere Oxydation aus dem Aldehyd entsteht. Acetaldehyd heißt nach der daraus durch Oxydation gebildeten Acidum aceticum, Benzaldehyd nach der aus ihm entstehenden Benzoesäure.

Das chemische Verhalten der Aldehyde ist weitgehend durch die Doppelbindung zwischen Kohlenstoff und Sauerstoff bestimmt. Sie läßt sich zu der mesomeren polaren Struktur *b* aufrichten:

$$\underset{a}{>C=\overline{O}} \longleftrightarrow \underset{b}{>\overset{\oplus}{C}-\overset{\ominus}{\underline{\overline{O}}|}},$$

an die sich leicht polare Stoffe anlagern (Vers. Nr. 122). Bei der Anlagerung eines Alkohols entsteht z. B. nach

$$R-\overset{(+)}{C}(H)=\overset{(-)}{O} \leftarrow\text{-----} |\overline{O}(H)-R \longrightarrow R-C(H)(OH)-OR$$

ein „Halbacetal“. Bei der Addition von Ammoniak und seiner Derivate (z. B. Hydroxylamin, Hydrazin, Phenylhydrazin) ist die primäre Additionsverbindung jedoch nicht stabil, unter Wasserabspaltung entstehen Kondensationsprodukte, die nun eine Kohlenstoff-Stickstoff-Doppelbindung enthalten:

$$R{-}C\begin{matrix}\diagup H\\ \diagdown O\end{matrix} + H_2NX \rightarrow R{-}\overset{H}{C}\begin{matrix}\diagup NHX\\ \diagdown OH\end{matrix} \xrightarrow{-H_2O} R{-}\overset{H}{C}{=}NX$$

$$(X{=}H, OH, NH_2, C_6H_6)\,.$$

Damit ist die Reaktionsfähigkeit der Aldehyde aber noch keineswegs erschöpft. Durch die Carbonylgruppe ist das an dem gleichen C-Atom befindliche Wasserstoffatom gelockert; es kann leicht aboxydiert werden, hierbei entstehen Carbonsäuren (Vers. Nr. 125). Eine weitere reaktionsfähige Stelle findet sich bei den Aldehyden an den CH-, CH_2- oder CH_3-Gruppen, die der Carbonylgruppe benachbart sind. Diese Reaktionsfahigkeit àußert sich in einer gesteigerten ,,Protonenaktivität'' der nachbarständigen Wasserstoffatome. Eine Folge hiervon ist z. B. die Aldolreaktion der Aldehyde, bei der sich mehrere Moleküle unter dem katalytischen Einfluß von Hydroxylionen zu Hydroxy-Aldehyden zusammenlagern:

$$H_3C{-}C\begin{matrix}\diagup H\\ \diagdown O\end{matrix} \quad \underset{H}{\overset{H}{HC}}{-}C\begin{matrix}\diagup H\\ \diagdown O\end{matrix} \rightarrow H_3C{-}\underset{OH}{\overset{H}{C}}{-}\underset{H}{\overset{H}{C}}{-}C\begin{matrix}\diagup H\\ \diagdown O\end{matrix}$$

Aldol

Bei der Dehydrierung von sekundären Alkoholen werden Ketone erhalten. In ihnen ist die Carbonylgruppe stets mit 2 Kohlenwasserstoffresten verbunden; das einfachste Keton ist demnach das Aceton, $CH_3{-}CO{-}CH_3$. Mit Ausnahme der leichten Oxydierbarkeit, die wegen des Fehlens eines Wasserstoffatoms an dem die Carbonylgruppe tragenden C-Atom ausbleibt, zeigen die Ketone die gleichen Reaktionen wie die Aldehyde.

Versuch Nr. 122

Einige Tropfen Benzaldehyd werden mit wenigen Millilitern einer konz. Natriumhydrogensulfit-Lösung kräftig geschüttelt. Dabei scheidet sich kristallines Benzaldehyd-Natriumhydrogensulfit ab:

$$C_6H_5{-}C\begin{matrix}\diagup H\\ \diagdown O\end{matrix} + HSO_3Na \rightarrow C_6H_5{-}\overset{H}{C}\begin{matrix}\diagup OH\\ \diagdown SO_3Na\end{matrix}$$

Beim Erwarmen mit verdünnter Säure wird die Additionsverbindung wieder in Aldehyd und Schweflige Säure gespalten. Die

Umsetzung mit Natriumhydrogensulfit eignet sich daher besonders, um Aldehyde und Ketone aus Gemischen mit anderen Stoffen herauszuholen.

Versuch Nr. 123

2 ml Aceton werden mit wenigen Tropfen einer gesättigten Natriumhydrogensulfit-Lösung kräftig geschüttelt. Es scheidet sich das dimethyloxymethansulfonsaure Natrium in kristalliner Form ab. Gib die Reaktionsgleichung an.

Versuch Nr. 124

Man bereite sich eine Mischung von Natriumacetat und Phenylhydrazin-hydrochlorid, indem man je eine Spatelspitze der beiden Substanzen in etwa 2 ml Wasser löst. Hierzu werden einige Tropfen Benzaldehyd gegeben und kräftig durchgeschüttelt, dabei scheiden sich farblose Kristalle des Benzaldehydphenylhydrazons ab.

$$C_6H_5{-}C\begin{matrix}\diagup H\\ \diagdown O\end{matrix} + H_2N{-}NH{-}C_6H_5 \xrightarrow{-H_2O} C_6H_5{-}\overset{H}{C}{=}N{-}NH{-}C_6H_5\,.$$

Versuch Nr. 125

a) Man verdünne in einem sorgfaltig gesäuberten Reagensglas etwa 5—6 Tropfen einer 40%igen Formaldehydlösung mit 3 ml Wasser und gebe 1 ml einer verdünnten ammoniakalischen Silbernitrat-Lösung hinzu. Das Reagensglas wird in ein als Wasserbad dienendes Becherglas gestellt und das Wasserbad erwärmt. Hierbei scheidet sich an der Wandung des Reagensglases metallisches Silber in Form eines Spiegels ab.

$$2\,[Ag(NH_3)_2]^+ + HC\begin{matrix}\diagup H\\ \diagdown O\end{matrix} + H_2O \rightarrow 2\,Ag + HCOO^- + 3NH_4^+ + NH_3\,.$$

b) Man bereite nach Versuch Nr. 85 wenige Milliliter Fehlingsche Lösung und prüfe die Reduktionswirkung von Acetaldehyd und Aceton. Stelle die Reaktionsgleichung auf.

Versuch Nr. 126

Man löse einige Tropfen Acetaldehyd in etwa 2 ml Wasser und füge 0,5 ml verdünnte NaOH hinzu. Beim Erhitzen färbt sich die

Lösung gelb. Es entsteht zunächst ein Aldol, welches unter Wasserabspaltung in Crotonaldehyd übergeht. Crotonaldehyd ist an seinem stechenden Geruch erkennbar.

$$CH_3{-}C{\lessgtr}^{H}_{O} + HCH_2{-}C{\lessgtr}^{H}_{O} \rightarrow CH_3{-}\underset{HO}{\overset{H}{C}}{-}\underset{H}{\overset{H}{C}}{-}C{\lessgtr}^{H}_{O} \xrightarrow{-H_2O} CH_3{-}\overset{H}{C}{=}\overset{H}{C}{-}C{\lessgtr}^{H}_{O}$$

Crotonaldehyd

Versuch Nr. 127

Ein Körnchen Fuchsin wird in etwa 10 ml heißem Wasser gelöst, so daß eine etwa 0,2%ige Lösung entsteht. In der Kälte fügt man nun solange starke wäßrige Schweflige Säure hinzu, bis die Lösung nach einigem Stehen entfärbt ist. Zu wenigen ml dieses Reagens wird ein Tropfen einer Formaldehyd-Lösung gegeben, die Lösung färbt sich rot-violett. Der Rest der Fuchsinschwefligen Säure wird in einem verschlossenen Reagensglas oder einem Fläschchen für Vers. Nr. 135 aufgehoben.

Drei- und vierfache Substitution am C-Atom

In die Gruppe von Verbindungen, die formal durch dreifache Substitution an einem C-Atom gebildet werden, gehören die Trihalogenverbindungen Chloroform, $CHCl_3$, und Jodoform, CHJ_3, und die bereits auf S. 43 behandelten Carbonsäuren mit ihren Derivaten.

Zur Darstellung von Trihalogen-methan geht man zweckmäßig nicht vom Methan aus, sondern von Verbindungen, in denen eine CH_3-Gruppe in Nachbarschaft zu einer Carbonylgruppe steht. Durch den Einfluß der Carbonylgruppe sind die Wasserstoffatome gelockert, sie lassen sich infolgedessen leicht halogenieren. Beispielsweise entsteht aus Aceton und Jod glatt das Trijodaceton, $CH_3{-}CO{-}CJ_3$, das wegen der Belastung des einen C-Atoms mit den 3 negativen Substituenten an der C—C-Bindung hydrolytisch auseinander fällt, wobei Jodoform und das Salz der Essigsäure gebildet werden.

$$CH_3{-}\overset{O}{\overset{\|}{C}}{-}CH_3 \xrightarrow[OH^-]{3\,J_2} CH_3{-}\overset{O}{\overset{\|}{C}}{-}CJ_3 \xrightarrow{KOH} CH_3{-}\overset{O}{\overset{\|}{C}}{-}OK + HCJ_3\,.$$

Vierfach substituierte Verbindungen, in denen die Liganden weder Wasserstoff noch Kohlenstoff sind, können sich nur vom

Methan ableiten. Hierzu zählen u. a. die Methan-tetrahalogenide wie z. B. CCl_4, die Kohlensäure, H_2CO_3, und ihre Derivate und die Cyansäure, HOCN.

Von den Derivaten der Kohlensäure verdient ihr Diamid, der Harnstoff, besondere Beachtung. Durch seine Synthese aus Ammoniumcyanat nach:

$$O{=}C{=}NH \cdot NH_3 \xrightarrow{\text{Erhitzen}} O{=}C\begin{matrix} NH_2 \\ NH_2 \end{matrix}$$

gelang FR. WOHLER 1828 der Nachweis, daß der Aufbau von organischen Stoffwechselprodukten auch aus Stoffen der unbelebten Natur möglich ist. Bis dahin wurde allgemein angenommen, daß hierzu eine besondere „Lebenskraft" notwendig sei. Harnstoff ist ein Abbauprodukt der Eiweißstoffe, es wird im Harn der Säugetiere ausgeschieden.

Obwohl die wäßrige Lösung des Harnstoffs neutral reagiert, besitzen die beiden Stickstoffatome auf Grund des einsamen Elektronenpaares noch basische Eigenschaften. Mit Säuren bildet Harnstoff daher Salze. Beim Erhitzen gehen 2 Moleküle Harnstoff unter Verlust von Ammoniak in Biuret über, das mit Kupferionen eine rot-violette Färbung gibt und daher zum Nachweis von Harnstoff geeignet ist (Vers. Nr. 130).

Versuch Nr. 128

a) Einige Tropfen Aceton werden mit 3 ml einer Jod-Jodkalium-Lösung vermischt und hierzu tropfenweise verdünnte Kalilauge gefügt, bis die braune Jodfarbe verschwindet. Es entsteht ein gelber Niederschlag von Jodoform, das an seinem charakteristischem Geruch erkannt wird (Reaktionsgleichung vorstehend).

b) Wiederhole den vorstehenden Versuch mit einigen Tropfen Äthylalkohol anstelle von Aceton. Primär erfolgt eine Oxydation des Alkohols zum Acetaldehyd, der in zweiter Stufe in Trijodacetaldehyd überführt wird. Bei der hydrolytischen Spaltung entsteht hieraus Jodoform und ameisensaures Salz. Stelle die Reaktionsgleichung auf.

Versuch Nr. 129

Beim Versetzen einer konz. wäßrigen Harnstofflösung mit einigen Tropfen konz. Salpetersäure scheidet sich schwerlösliches Harnstoffnitrat, $OC(NH_2)_2 \cdot HNO_3$, in kristalliner Form ab.

Versuch Nr. 130

In einem trockenen Reagensglas werden 2—3 Spatelspitzen Harnstoff vorsichtig erhitzt. Dabei schmilzt der Harnstoff zunächst. Beim weiteren Erhitzen entweicht Ammoniak, das an seinem Geruch oder mittels eines feuchten Streifens Indicatorpapier nachgewiesen wird. Nachdem die Gasentwicklung aufgehört hat, läßt man erkalten. Das nach

$$2\,H_2N{-}\overset{\overset{\displaystyle O}{\|}}{C}{-}NH_2 \xrightarrow{-NH_3} H_2N{-}\overset{\overset{\displaystyle O}{\|}}{C}{-}\overset{H}{N}{-}\overset{\overset{\displaystyle O}{\|}}{C}{-}NH_2$$

entstandene Biuret wird mit wenig Wasser aufgenommen und die Lösung mit 3—4 ml verdünnter Natronlauge versetzt. Auf Zugabe eines Tropfens einer verdünnten Kupfersulfat-Lösung entsteht eine violett-rote Färbung.

Kapitel XI

Verbindungen mit Kohlenstoffatomen verschiedenen Substitutionsgrades: Hydroxysäuren — Hydroxyaldehyde — Aminosäuren

Sehr groß ist die Zahl der Stoffe, bei denen an verschiedenen Kohlenstoffatomen mehrere Substituenten verschiedenen Substitutionsgrades innerhalb desselben Moleküls vorkommen. Von diesen Verbindungen werden nachfolgend in Versuchen nur einige wenige Stoffe behandelt, die im biologischen Bereich als Stoffwechselprodukte oder als Bausteine von Nahrungsstoffen Bedeutung haben.

Hydroxysäuren

Zu der Stoffklasse der Hydroxysäuren gehören alle Säuren, die in ihrem Molekül neben einer oder mehreren Säurefunktionen noch eine oder mehrere Alkoholgruppen enthalten. Bei längerkettigen Hydroxysäuren kennt man stets verschiedene isomere Verbindungen, die nach der jeweiligen Stellung der Hydroxyl-Gruppe zu der Carboxylgruppe unterschieden werden. Zur Unterscheidung werden die C-Atome des Kohlenwasserstoffrestes von der Carboxylgruppe aus mit griechischen Buchstaben bezeichnet. Die Milchsäure, CH_3-CHOH—CO_2H, ist demnach eine α-Hydroxypropionsäure; β-Hydroxypropionsäure hat die Formel $CH_2OH{-}CH_2{-}CO_2H$, und γ-Hydroxybuttersäure die Formel $CH_2OH{-}CH_2{-}CH_2{-}CO_2H$. Auf Grund der freien Drehbarkeit um die C—C-Bindung kann bei den γ-Hydroxycarbonsäuren die Carboxylgruppe leicht eine benachbarte Stellung zur Hydroxylgruppe einnehmen, aus der heraus eine intramolekulare Esterbildung — eine „Lacton"-Bildung — eintritt:

```
            O
           //
 H2C——C
  |        \
  |        [OH]      —H2O          H2C————C=O
  |                 ———————→        |      |
 H2C       O[H]                    H2C     O
    \     /                           \   /
      C                                 C
      H2                                H2
γ-Hydroxybuttersaure              Butyrolacton
```

Hydroxysäuren sind in der Natur weit verbreitet. Einige Beispiele hierfür sind: Glykolsäure, $CH_2OH—CO_2H$; Milchsäure; Mandelsäure, $C_6H_5—CHOH—CO_2H$; Äpfelsäure, $HO_2C—CHOH—CH_2—$ $—CO_2H$; Weinsäure, $HO_2C—CHOH—CHOH—CO_2H$.

Optische Aktivität. Von besonderer Bedeutung ist die Erscheinung, daß es von der Milchsaure drei isomere Formen gibt, von denen sich zwei in ihren chemischen Eigenschaften nicht unterscheiden. Nur in physikalischer Hinsicht unterscheiden sie sich geringfugig, und zwar dreht die eine Form die Ebene des polarisierten Lichtes nach rechts, die andere dagegen um den gleichen Winkel nach links.

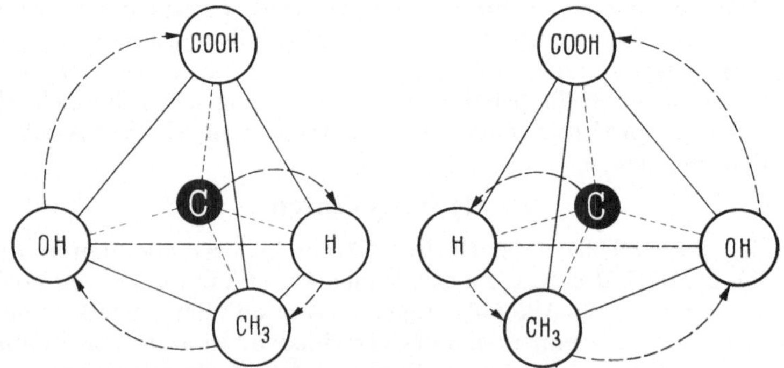

Abb. 16. Tetraedermodelle der Rechts- und Linksmilchsaure

```
     OCOH              OCOH
      |                 |
  HO—C—H             H—C—OH
      |                 |
     CH3               CH3
rechtsdrehende     linksdrehende
           Milchsaure
```

Die dritte Form ist ohne Einfluß auf die Schwingungsebene des polarisierten Lichtes, sie weicht aber in ihrem chemischen Verhalten geringfügig von den beiden anderen Formen ab; ihr Schmelzpunkt liegt z. B. um 8° tiefer.

Substanzen, welche in der Lage sind, die Polarisationsebene des polarisierten Lichtes zu drehen, werden als optisch aktiv bezeichnet.

Die optische Aktivität der Milchsäure ist auf die verschiedene raumliche Anordnung der Substituenten am mittleren C-Atom zuruckzuführen. VAN'T HOFF hat zuerst erkannt, daß die vom Kohlenstoffatom ausgehenden Valenzen in die Ecken eines Tetraeders gerichtet sind, in dessen Mitte das betrachtete C-Atom zu denken ist. Steht nun — wie bei der Milchsäure — ein C-Atom mit 4 verschiedenen Liganden in Bindung, so ergeben sich, wie Abb. 16 zeigt, zwei räumliche Anordnungen (H und OH vertauscht), die sich zueinander verhalten, wie ein Gegenstand zu seinem Spiegelbild und die nicht miteinander zur Deckung gebracht werden können.

Beide Formen haben den gleichen Energieinhalt, sie unterscheiden sich daher nicht in ihren chemischen Eigenschaften. Hingegen erfährt das polarisierte Licht beim Durchgang durch die beiden optisch aktiven Formen des Stoffes eine Schraubung, deren Drehungssinn entgegengesetzt, deren Ablenkungswinkel aber gleich groß sind. Die dritte Form der Milchsäure ist das Gemisch der beiden optisch aktiven „Antipoden", es wird als die racemische Form oder einfach als Racemat bezeichnet. Da im Racemat gleich viele links- und rechtsdrehende Milchsäuremoleküle enthalten sind, bleibt die Schwingungsebene beim Durchtritt des polarisierten Lichtes unverändert, die racemische Mischung ist optisch inaktiv.

Optisch aktiv sind alle Stoffe, die ein asymmetrisches C-Atom (C-Atom mit 4 verschiedenen Liganden) besitzen. Sind in einem Molekül n asymmetrische C-Atome enthalten, so ergibt sich die Zahl der optisch aktiven Formen zu 2^n. Nähere Einzelheiten über die mit der optischen Aktivität zusammenhängenden wichtigen Fragen sind aus den organischen Lehrbüchern zu ersehen.

Die Rechtsmilchsäure* ist physiologisch von Bedeutung, sie kommt in der Muskelflüssigkeit vor und wird daher auch als Fleischmilchsäure bezeichnet.

---

* Ihrer Konfiguration nach ist Fleischmilchsaure die L-Milchsaure. Die tatsachliche Drehung wird durch (+) = rechts und (—) = links angegeben; die genaue Beschreibung fur obige Saure ist demnach: L(+)-Milchsaure. L kommt von lavus, links; Rechtskonfiguration wird entsprechend mit D-, von dexter — rechts — bezeichnet.

Versuch Nr. 131

Man versetze einige Tropfen Milchsäure mit wenigen Millilitern verd. Schwefelsäure und fuge einige Tropfen $KMnO_4$-Lösung hinzu. Kaliumpermanganat oxydiert die Milchsäure zu Brenztraubensäure, die an ihrem charakteristischen Geruch erkannt wird; das MnO_4^--Ion wird dabei zu farblosem Mn^{2+} reduziert:

$$CH_3{-}CHOH{-}CO_2H \xrightarrow{KMnO_4} CH_3{-}\overset{\overset{\displaystyle O}{\|}}{C}{-}CO_2H\,.$$

Wird die Mischung anschließend erwärmt, so spaltet sich aus der Brenztraubensäure Kohlendioxyd ab, das mit Barytwasser nachgewiesen wird. Bei der „Decarboxylierung“ geht die Brenztraubensaure in Acetaldehyd über:

$$CH_3{-}\overset{\overset{\displaystyle O}{\|}}{C}{-}CO_2H \rightarrow CH_3{-}C\genfrac{}{}{0pt}{}{\diagup H}{\diagdown\!\!\!\diagdown O} + CO_2\uparrow\,.$$

Hydroxy-Aldehyde und -Ketone

Von den zahlreichen Hydroxycarbonylverbindungen sind besonders solche unverzweigten, aus 5 oder 6 C-Atomen aufgebauten Aldehyde oder Ketone von Bedeutung, die an jedem Kohlenstoffatom noch ein Hydroxyl tragen. Diese Polyhydroxy-Verbindungen sind die einfachen Zucker, sie werden nach der Anzahl der C-Atome und der jeweiligen Carbonylfunktionen auch als Aldo- oder Keto-Pentosen bzw. als Aldo- oder Keto-Hexosen bezeichnet.

Aldohexose	Ketohexose	Aldopentose
HC=O	H_2COH	HC=O
HCOH	C=O	HCOH
HCOH	HCOH	HCOH
HCOH	HCOH	HCOH
HCOH	HCOH	H_2COH
H_2COH	H_2COH	

Die Zucker zeigen fast alle charakteristischen Reaktionen der Aldehyde bzw. Ketone und der Alkoholgruppen. Mit Phenylhydrazin bilden Aldosen und Ketosen Osazone (Vers. Nr. 132).

Durch Reduktion können sie in die zugehorigen Alkohole überfuhrt werden. Aldosen reduzieren erwartungsgemäß ammoniakalische Silbersalzlosung sowie Fehlingsche Lösung (Vers. Nr. 133, 85). Ketosen geben die gleiche Reaktion, obwohl Ketone sonst von milden Oxydationsmitteln nicht angegriffen werden, dieses Verhalten der Ketosen ist durch die nachbarständigen Hydroxyle bedingt. Die Hydroxyl-Gruppen konnen leicht verestert werden (Vers. Nr. 134). Die Hexosen und Pentosen enthalten eine verschiedene Zahl von asymmetrischen C-Atomen, es sind daher stets mehrere aktive Formen und mehrere Racemate bekannt.

Zu den wichtigsten Aldohexosen gehoren die Glucose und die Galaktose; die wichtigste Ketohexose ist die Fructose. Bei den Pentosen ist die Ribose von großer physiologischer Bedeutung, sie ist ein regelmäßiger Bestandteil der Zellkernsubstanzen.

D-Glucose	D-Galaktose	D(—)-Fruktose	D-Ribose
HCO	HCO	H_2COH	HCO
HCOH	HCOH	CO	HCOH
HOCH	HOCH	HOCH	HCOH
HCOH	HOCH	HCOH	HCOH
HCOH	HCOH	HCOH	H_2COH
H_2COH	H_2COH	H_2COH	

Ringform der Zucker. Die Ursache für das Ausbleiben einiger weniger Aldehydreaktionen bei den Zuckern — wie z. B. die Rotfärbung von Fuchsinschwefliger Säure (vgl. Vers. 135) — ist in der Bildung einer ringförmigen Struktur der Zucker zu sehen. Wie aus dem untenstehenden Formelbild hervorgeht, können bei einer Aldohexose die Aldehyd- und die Alkoholgruppen an den Kohlenstoffatomen 4 oder 5 eine benachbarte Stellung einnehmen, so daß die intramolekulare Bildung eines Halbacetals möglich wird. Hierbei bildet sich entweder ein sauerstoffhaltiger 5-Ring (Furanose-Form) oder aber ein Sechsringmolekül, das nach dem vergleichbaren sauerstoffhaltigen Heterocyclus Pyran, C_5H_6O, auch als Pyranose-Form bezeichnet wird (s. folgende Formel).

Durch die Ringbildung ist die Aldehydgruppe maskiert, manche typischen Reaktionen der Aldehyde bleiben dadurch aus. In Lösung befindet sich die Aldehydform mit der Halbacetalform im Gleichgewicht, welches ganz auf der Seite des Halbacetals liegt.

In geringer Menge kommt daneben auch die fünfgliedrige Furanose-Form vor.

Die Ketosen bilden ebenfalls cyclische Halbacetale, sie werden entsprechend Keto-Pyranosen und Keto-Furanosen genannt. Neben der abgebildeten Ringform der α-Glucose kennt man noch eine anders konfigurierte Halbacetalform der Glucose. Sie unterscheidet sich durch die Stellung des Wasserstoffatoms und der Hydroxylgruppe am C-Atom 1. Es ist leicht einzusehen, daß bei

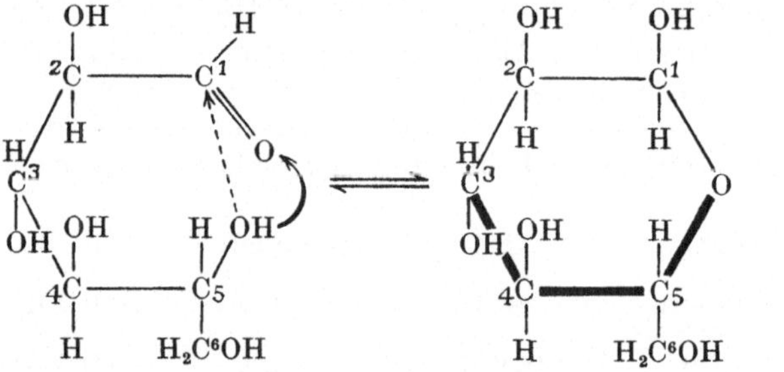

offene Aldehydform der Glucose

ringformige Halbacetalform der Glucose (α-Glucose)

dem Ringschluß noch eine andere Form entstehen kann, bei der die Stellung dieser beiden Liganden zur Ringebene gerade umgekehrt ist — also H oberhalb des Ringes und OH darunter steht. Diese Form wird als β-Glucose bezeichnet.

Verbindungen, die beim Ersatz der halbacetalartig gebundenen Hydroxylgruppe durch den Rest eines Alkohols, —OR, entstehen, heißen Glykoside. In ihnen ist die Carbonylgruppe gesperrt; Fehlingsche Lösung wird daher nicht reduziert. Nach der Stellung des Restes —OR zum Ring unterscheidet man wieder zwischen α- und β-Glykosiden.

Versuch Nr. 132

Etwas Glucose-Lösung wird im Reagensglas mit je einer Spatelspitze Natriumacetat und Phenylhydrazinhydrochlorid versetzt und einige Zeit in einem als Wasserbad dienenden Becherglas erwärmt. Dabei scheidet sich ein gelber Niederschlag von Glucosephenylosazon in kristalliner Form ab. Bei dieser Reaktion bildet sich zunächst das Phenylhydrazon, worauf die benachbarte Alkoholgruppe am C-Atom 2 durch ein weiteres Molekül Phenylhydrazin zur Ketogruppe oxydiert wird, die nun ihrerseits in üblicher Weise mit einem dritten Molekül Phenylhydrazin zum Osazon weiterreagiert:

$$
\begin{array}{c}
HCO \\
| \\
HCOH \\
| \\
HOCH \\
| \\
HCOH \\
| \\
HCOH \\
| \\
H_2COH
\end{array}
\xrightarrow{H_2NNHC_6H_5}
\begin{array}{l}
H\overset{1}{C}{=}N{-}NH{-}C_6H_5 \\
{}^{2}| \\
HCOH \\
{}^{3}| \\
HOCH \\
{}^{4}| \\
HCOH \\
{}^{5}| \\
HCOH \\
{}^{6}| \\
H_2COH
\end{array}
\xrightarrow{H_2NNH-C_6H_5}
$$

$$
\begin{array}{l}
HC{=}N{-}NH{-}C_6H_5 \\
{}^{2}| \\
C{=}O \\
| \\
HOCH \\
| \\
HCOH \quad + C_6H_5NH_2 \\
| \\
HCOH \quad + NH_3 \\
| \\
H_2COH
\end{array}
\xrightarrow{H_2N-NH-C_6H_5}
\begin{array}{l}
HC{=}N{-}NH{-}C_6H_5 \\
{}^{2}| \\
C{=}N{-}NH{-}C_6H_5 \\
| \\
HOCH \\
| \\
HCOH \\
| \\
HCOH \\
| \\
H_2COH
\end{array}
$$

Versuch Nr. 133

Zu einigen Millilitern einer verdünnten ammoniakalischen Silbernitrat-Lösung werden einige Tropfen einer Traubenzucker-Lösung gegeben. Beim langsamen Erwärmen im Wasserbad entsteht an der Glaswandung ein dünner Silberspiegel. Vergleiche auch die Reduktion von Fehlingscher Lösung in Vers. Nr. 85.

Versuch Nr. 134

Eine Spatelspitze Traubenzucker wird in 2 ml Wasser gelöst. Hierzu werden 2 ml verdünnte Natronlauge und anschließend wenige Tropfen Benzoylchlorid gefügt (unter dem Abzug!). Beim kräftigen Schütteln verschwindet der unangenehme Geruch des Benzoylchlorids, da sich der Glucose-Benzoesäureester bildet, welcher sich in Form weißer Flocken ausscheidet. Formuliere die Reaktionsgleichung!

Versuch Nr. 135

Auf Zugabe der in Vers. Nr. 127 bereiteten Fuchsinschwefligen Säure zu einer Glucose-Lösung ist keine Farbreaktion zu beobachten.

Versuch Nr. 136

Bei der alkoholischen Gärung zerfällt Glucose unter der Einwirkung der Hefe-Enzyme in Alkohol und Kohlendioxyd:

$$C_6H_{12}O_6 \rightarrow 2\,C_2H_5OH + 2\,CO_2\uparrow$$

Einige Milliliter einer Traubenzucker-Lösung werden auf etwa 35° erwärmt (Handwärme); die Lösung wird darauf mit einigen Millilitern einer Hefeaufschlemmung versetzt und auf das Reagensglas ein kleiner — mit Barytwasser gefüllter — Gäraufsatz gesetzt. Nach einiger Zeit beginnt sich CO_2 zu entwickeln, das durch die Trübung des Barytwassers nachgewiesen wird.

Aminosäuren

Aminosäuren sind solche Verbindungen, die in ihrem Molekül zugleich eine oder mehrere Aminogruppen und eine oder mehrere Carboxylgruppen enthalten. Nach der Stellung der Aminogruppe zu der Carboxylgruppe unterscheidet man — wie bei den Hydroxysäuren — zwischen α, β, γ . . . Aminosäuren. Besondere biologische Bedeutung kommt den α-Aminosäuren zu, sie sind die Bausteine der gewöhnlichen Eiweißstoffe. Von den hierin natürlich vorkommenden Aminosäuren — etwas mehr als 20 — seien nur wenige Beispiele angeführt:

Glykokoll	Alanin	Asparaginsaure	Cystein	Tyrosin
OCOH | H_2NCH_2	OCOH | H_2NCH | CH_3	OCOH | H_2NCH | HCH | OCOH	OCOH | H_2NCH | H_2C—SH	OCOH | H_2NCH | CH_2 | C_6H_4 (Benzolring) | OH

Für die Aminosäuren ist charakteristisch, daß sich die beiden funktionellen Gruppen — NH_2— und $-C\begin{matrix}{/\!\!/}O\\ \backslash OH\end{matrix}$ — gegenseitig neutralisieren. Durch die Wanderung des Protons von der Carboxyl- an die basische Aminogruppe kommt es zu der Ausbildung eines Kations und eines Anions innerhalb ein und desselben Moleküls. Man bezeichnet das entstandene innere Salz daher auch als

„Zwitterion"; für das Glykokoll läßt sich die Salznatur durch die Schreibweise: $H_3\overset{\oplus}{N}—CH_2—COO^{\ominus}$ zum Ausdruck bringen.

Neutrale Reaktion zeigen natürlich nur solche Aminosäuren, bei denen die gleiche Zahl von Amino- und Carboxylgruppen vorkommt. Die Asparaginsäure reagiert sauer, weil sie auf eine Aminogruppe gleich zwei Säuregruppen besitzt.

Die Salznatur der Aminosäuren macht ihre gute Löslichkeit in Wasser und ihre Unlöslichkeit in Äther verständlich. Da positive und negative Ladung fest miteinander verbunden sind, vermögen die wäßrigen Lösungen den elektrischen Strom nicht zu leiten. Infolge der nur geringen Base- bzw. Säure-Stärke der Amino- bzw. Carboxylgruppe können Aminosäuren mit starken Säuren und mit starken Basen noch Salze bilden.

Versuch Nr. 137

Man löse eine Spatelspitze Glykokoll in wenig Wasser und prüfe die Reaktion gegen Universalindicatorpapier.

Versuch Nr. 138

Eine Spatelspitze Glykokoll wird in 2—3 ml Wasser gelöst. Zu dieser Losung fügt man das gleiche Volumen verdünnter Natronlauge und einen Tropfen Benzoylchlorid. Nun wird verdünnte Salzsäure bis zur schwachsauren Reaktion zugefügt, wobei sich das Benzoylglykokoll — die „Hippursäure" — in Form kleiner Kristallnadeln ausscheidet.

$$C_6H_5—CO—\boxed{Cl + H}NH—CH_2—CO_2H + NaOH \longrightarrow C_6H_5—CO—NH—CH_2—CO_2H + NaCl + H_2O\,.$$

Versuch Nr. 139

Etwas Alanin wird mit wenig $NaNO_2$-Lösung und verdünnter Salzsäure versetzt. Wie bei der Reaktion der primären Amine mit salpetriger Säure (Vers. Nr. 118) reagiert die Aminogruppe unter Abspaltung von Stickstoff, dabei wird die NH_2-Gruppe durch die Hydroxylgruppe ersetzt; es entsteht Milchsäure:

$$\begin{array}{c} CH_3—CH—CO_2H \\ | \\ \boxed{N\,H_2 + O\vdots N}OH \end{array} \longrightarrow \begin{array}{c} CH_3—CH—CO_2H \\ | \\ OH \end{array} + N_2 + H_2O\,.$$

Am Ende dieses Praktikumstages führe man noch Versuch Nr. 141 a), Absatz 1 durch.

Kapitel XII

Papierchromatographie — Eiweißstoffe — Kohlenhydrate — Fette

Papierchromatographie

Es ist schon lange bekannt, daß α-Aminosäuren Bausteine der Eiweißstoffe sind. Dennoch war die Aufklärung der Struktur der Eiweißverbindungen nur langsam vorangekommen, da die einzelnen Bausteine sich in ihrem chemischen Verhalten sehr ähnlich sind und eine Abtrennung und Analyse der einzelnen Aminosäuren

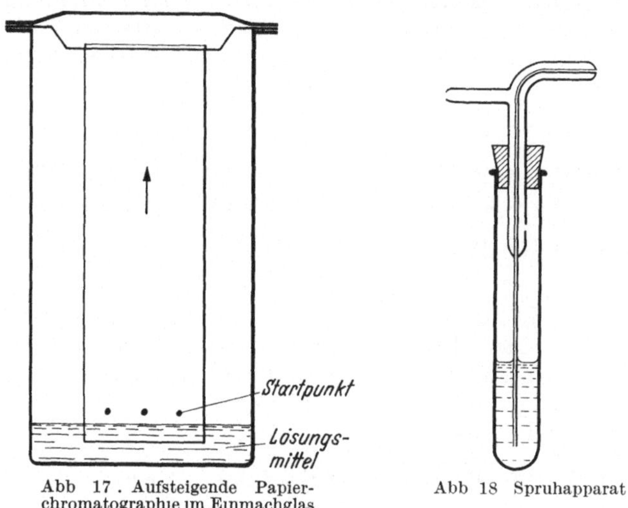

Abb 17 . Aufsteigende Papierchromatographie im Einmachglas

Abb 18 Spruhapparat

nur schwer durchführbar war. Erst in dem letzten Jahrzehnt hat die Aufklärung der Eiweißstoffe entscheidende Fortschritte gemacht; dabei hat die Papierchromatographie wertvolle Dienste geleistet. Nachdem diese einfache Methode sich bei der Trennung der Aminosäuren so hervorragend bewahrt hatte, fand die Papierchromatographie in wenigen Jahren ein riesiges Anwendungsgebiet in nahezu allen Bereichen der Chemie. Als unentbehrliches Hilfsmittel der Biochemie hat sie auch Eingang in die medizinischen Laboratorien gefunden, sie soll daher wenigstens im Prinzip nachfolgend behandelt werden.

Für die Durchführung der papierchromatographischen Trennung eines Substanzgemisches sind nur wenige Dinge erforderlich. Man benötigt ein geeignetes Filterpapier, im einfachsten Fall ein Einmachglas (Abb. 17) oder ein anderes verschließbares hohes

Glasgefäß, einen Sprühapparat (Abb. 18) und ein geeignetes Lösungsmittelgemisch.

Die zu untersuchende Lösung, z. B. ein Gemisch verschiedener Aminosäuren, wird mittels einer Mikropipette auf einen länglichen Filterpapierstreifen an einer markierten Stelle aufgebracht (etwa 2 cm vom schmalen Rand entfernt). Der Mikrotropfen breitet sich dabei auf dem Papier zu einem kreisrunden Fleck aus, den man eintrocknen läßt. Der so präparierte Streifen wird nun an einem Draht im Deckel des Einmachglases befestigt und in ein geeignetes Lösungsmittelgemisch (Laufmittel) gehängt. Das Lösungsmittel wird vom Papier aufgesogen, dabei wandert es langsam über den Flecken mit dem Substanzgemisch hinaus. Die einzelnen Aminosauren werden dabei mit verschiedener Geschwindigkeit, die von den Löslichkeitsverhältnissen abhängig ist, vom Lösungsmittel mitgeführt; sie wandern daher auf dem Papier verschieden schnell.

Sobald die Front des Lösungsmittels das Ende des Streifens nahezu erreicht hat, nimmt man den Papierstreifen aus dem Trog heraus, markiert die Front des Lösungsmittels mit einem Bleistiftstrich und laßt das Papier trocknen. Die Laufzeit ist von dem Lösungsmittel und der Länge des Streifens abhängig, sie beträgt in der Regel 1—24 Std. Zur Sichtbarmachung der einzelnen Substanzen muß das getrocknete Chromatogramm anschließend mit einem Reagens (Entwickler) besprüht werden, wodurch die einzelnen Stoffe als farbige Flecken hervortreten.

Für die Auswertung des erhaltenen Chromatogramms ist es von Bedeutung, daß bei Verwendung eines bestimmten Lösungsmittels die Wanderungsgeschwindigkeit eines einzelnen Stoffes stets konstant ist. Alle papierchromatographisch analysierbaren Verbindungen können daher durch ihre Wanderungsgeschwindigkeit identifiziert werden. Das Maß für die Wanderungsgeschwindigkeit ist der R_F-Wert. Er ist definiert als der Quotient aus der Strecke zwischen Startpunkt und Substanzfleck durch die Strecke zwischen Startpunkt und Lösungsmittelfront:

$$R_F = \frac{\text{Strecke: Startpunkt-Substanzfleck}}{\text{Strecke: Startpunkt-Lösungsmittelfront}} .$$

Häufig ist es zweckmäßiger, den R_F-Wert gar nicht zu bestimmen, sondern den Stoff, dessen Identität festgestellt werden soll, als Blindprobe daneben mitlaufen zu lassen.

Bei der praktischen Ausführung ist darauf zu achten, daß die Papierchromatographie nur mit kleinen Mengen — in der Regel zwischen 5 und 50 γ ($1\gamma = 1/1000$ mg) — erfolgreich durchgeführt werden kann. Werden größere Mengen eines Stoffes aufgebracht, so ist die polare Phase nicht mehr in der Lage, alles zu lösen; es kann sich dann kein echtes Verteilungsgleichgewicht einstellen, so daß man keine scharf begrenzten Substanzflecken mehr erhält (Schwanzbildung!). Die verwendeten Lösungen sollen etwa 1—2%ig in bezug auf jede Komponente sein. Um 20—40 γ eines Stoffes zu chromatographieren, müssen demnach 2 mm^3 (ein Mikrotropfen) aufgebracht werden. Dieses Volumen fließt auf dem Papier zu einem Fleck von etwa 1 cm Durchmesser aus.

Versuch Nr. 140

Man schneide einen Papierstreifen (Papiersorte: Schleicher & Schüll, Nr. 2043a oder Whatman Nr. 1) nach Abb. 19 zu, so daß der Streifen gut in ein Reagensglas paßt und markiere den Startpunkt am unteren Ende. Darauf wird mittels eines zu einer Capillare ausgezogenen Glasrohres ein Tropfen eines vom Assistenten ausgegebenen Gemisches von Glykokoll und Alanin (1%ig an Glycin und Alanin) am Startpunkt auf das Papier aufgebracht. Nachdem der Fleck eingetrocknet ist, wird der Papierstreifen in dem Korkstopfen mit Hilfe einer aufgebogenen Büroklammer nach Abb. 19 befestigt. Man kann auch den Korken in der Mitte auseinander schneiden und den Streifen dazwischen klemmen. In das Reagensglas wird nun etwa 0,5—1 ml eines Losungsmittelgemisches gebracht, das aus Butanol/Eisessig/Wasser im Verhältnis 4:1:1 besteht. Beim Eintauchen des Papierstreifens ist darauf zu achten, daß sich der Startpunkt oberhalb der Flüssigkeitsoberfläche befindet. Während der Laufzeit wird das Reagensglas beiseite gestellt, in dieser Zeit werden die Versuche 141—155 ausgeführt. Wenn die Lösungsmittelfront bis auf etwa 2 cm an den Korken hochgestiegen ist, nimmt man den Streifen heraus. Zunächst wird die Lösungsmittelfront durch einen Bleistiftstrich markiert. Hiernach läßt man den Streifen an der Luft oder im Trockenschrank trocknen. Zur Entwicklung wird das Chromatogramm mit einer 0,2%igen Ninhydrin-Losung in 95% Butanol und 5% 2N-Essigsäure besprüht und anschließend kurze Zeit auf 105° erwärmt. Die Zuordnung wird durch Vergleich mit Abb. 19 vorgenommen.

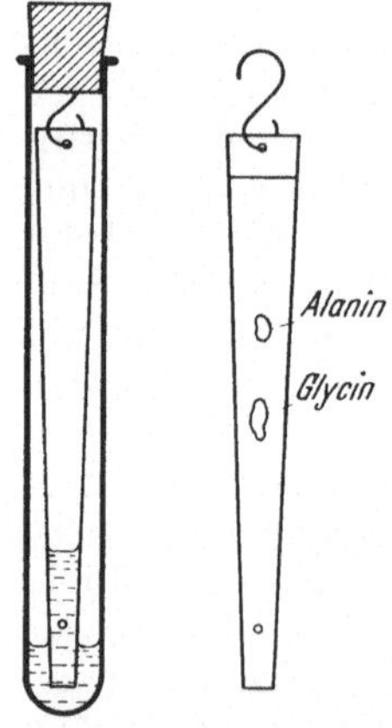

Abb 19. Reagensglas-Chromatographie nach F CRAMER Papierchromatographie. Weinheim Verlag Chemie 1958

Aufgabe Nr. 30

Es werden die Entfernungen zwischen dem Startpunkt und der Lösungsmittelfront sowie zwischen Startpunkt und dem Mittelpunkt der Substanzflecke ausgemessen und daraus die zugehörigen R_F-Werte errechnet.

Versuch Nr. 141

Papierchromatographische Trennung des Hydrolysates eines Menschenhaares.

a) Hydrolyse: Ein längeres Menschenhaar wird in kleine Stücke zerschnitten und in einem Reagensglas mit 1 ml conc. HCl 5 min lang gekocht. Das Reagensglas wird zugestopft und eine Woche lang bei Zimmertemperatur stehen gelassen.

Nach dieser Zeit wird die salzsaure Lösung erneut 5 min lang gekocht und dann auf einem kleinen Uhrglas (Durchmesser etwa 5 cm) auf einem Dampfbad zur Trockene eingedampft. Der Rückstand wird in etwa 1 ml dest. Wasser aufgenommen und erneut zur Trockene eingedunstet.

b) Das Chromatographiegefäß und das Lösungsmittel: Als Chromatographiegefäß dient ein hohes, 2 l fassendes Weckglas mit Deckel, in das zur Aufhängung des Chromatographiepapiers ein aus Glasstäbchen gebogenes Gestell gebracht wird. Das Aufhängegestell soll so bemessen sein, daß der obere Auflagebügel nicht geschlossen ist, sondern nur an den Seiten 2 Auflagezapfen von 0,5—1 cm Länge hat. Der Boden des Gefäßes wird etwa 2 cm hoch mit Lösungsmittel bedeckt. Das Chromatographiegemisch wird gewonnen, indem man n-Butanol, Eisessig und Wasser (4 : 1 : 5) kräftig durchmischt und nach Trennung der zwei Schichten die organische, wassergesättigte Phase verwendet.

c) Herstellung des Papierchromatogrammes: Zur Chromatographie wird Schleicher-Schüll-Papier verwendet. Die Breite des Papierstreifens muß so gewählt werden, daß das Papier auf beiden Seiten an der Knickstelle nur etwa 0,5—1 cm auf dem Bügel anliegt, die Länge so, daß es auf der einen Seite in das Lösungsmittel eintaucht, auf der anderen Seite aber nicht bis an dessen Oberfläche heranreicht (etwa 3 cm darüber).

Parallel zur Grundlinie des längeren Endes wird mit Bleistift (!) in einer Entfernung von etwa 3 cm eine Parallele, die Startlinie, gezogen. Auf deren Mitte wird ein Punkt markiert, auf dem das Hydrolysat aufgetragen wird. Hierzu wird der nach a) erhaltene Hydrolysatrückstand in 1—2 Tropfen Wasser gelöst und mit einer feinen Glascapillare aufgetragen. Der Durchmesser des Startfleckes soll nur etwa 0,5 cm betragen.

d) Auftrennung, Sichtbarmachen und Auswertung des Papierchromatogrammes: Wenn der Startfleck auf dem Chromatographiepapier eingetrocknet ist, wird dieses so in das Weckglas gehängt, daß die Startlinie mindestens 1,5 cm über der Flüssigkeitsoberfläche liegt. Man läßt das Papier über Nacht in dem Chromatographiegefäß. Anschließend wird es herausgenommen und die Lösungsmittelfront sofort gekennzeichnet. Nach Trocknen des Chromatogramms wird mit einer butanolischen Lösung von Ninhydrin besprüht und einige Minuten im Trockenschrank bei 100°C getrocknet. Die nunmehr sichtbaren Aminosäureflecken werden durch Berechnung der R_f-Werte identifiziert.

Man erhält für die Aminosäuren folgende R_f-Werte:

Cystin	0,07	Glutaminsäure	0,35
Lysin	0,14	Tyrosin und Prolin	0,44
Histidin	0,16—0,17		
Arginin	0,21	Valin	0,59
Glycin	0,25	Phenylalanin	0,68

Im lebenden Organismus sind 3 Stoffgruppen besonders wichtig: Eiweißstoffe, Kohlenhydrate und Fette.

Eiweißstoffe (Proteine)

Eiweißkörper enthalten die Elemente C, H, O, N, S. Es sind hochmolekulare Stoffe, die z. T. wasserlöslich, z. T. aber wasserunlöslich sind. Zu den löslichen Eiweißarten gehören das Hühnereiweiß und das in der Milch enthaltene Casein; in Wasser unlöslich sind Seide, Haar und Horn. Alle löslichen Eiweißstoffe bilden kolloide Systeme, sie lassen sich daher durch Zusatz von geeigneten Elektrolyten wieder ausfallen. Beim Erhitzen tritt ebenfalls Ausfällung ein — das Eiweiß gerinnt.

Nach ihrer chemischen Zusammensetzung unterscheidet man zwei Gruppen von Eiweißstoffen: Einfache Proteine, die nur aus α-Aminosäuren aufgebaut sind, und Proteide, in denen der Proteinanteil stets noch mit einem biochemisch aktiven Molekülteil verbunden ist, der keine Eiweißnatur besitzt und häufig als prosthetische Gruppe bezeichnet wird. Besonders wichtig sind die Nucleoproteide, in denen die Nucleinsäuren als prosthetische Gruppen vorliegen. Sie können nach den heutigen Kenntnissen als die eigentlichen Träger des Lebens angesehen werden. Die zu einer echten Vermehrung befähigten Viren und Gene gehören z. B. dieser Stoffklasse an.

Den Eiweißstoffen liegt als Aufbauprinzip die *Peptidbindung* zugrunde. Hierunter versteht man die säureamidartige Verknüpfung von 2 Aminosäuren, die bei der Reaktion der Aminogruppe der einen Säure mit der Carboxylgruppe der anderen Säure unter Wasseraustritt entsteht:

$$H_2N—CH_2—\overset{\overset{\large O}{\|}}{C}—\boxed{OH + H}NH—CH_2—CO_2H \xrightarrow{-H_2O} H_2N—CH_2—\overset{\overset{\large O}{\|}}{C}—NH—CH_2—CO_2H$$

Oligopeptide. Die vorstehende Verbindung wird als Dipeptid bezeichnet, da sie aus zwei Aminosäuren entstanden ist. Niedermolekulare Peptide, die nur aus wenigen Aminosäuren aufgebaut sind, heißen Oligopeptide. Ein wichtiges in der Natur vorkommendes Oligopeptid — ein Tripeptid — ist beispielsweise das Glutathion, das eine wichtige Rolle als Wasserstoffüberträger bei biochemischen Redoxreaktionen spielt.

$$\underbrace{HO_2C—\overset{\overset{NH_2}{|}}{C}H—CH_2—CH_2—CO}_{\text{Glutaminsaure}}—\underbrace{NH—\overset{\overset{CH_2—SH}{|}}{C}H—CO}_{\text{Cystein}}—\underbrace{NH—CH_2—CO_2H}_{\text{Glykokoll}}.$$

Glutathion

Polypeptide. Die eigentlichen Eiweißkörper sind makromolekulare Polypeptide, ihre Struktur wird durch folgende Formel veranschaulicht:

$$\cdots\ \underset{H\ \ R}{C}—\overset{\overset{H}{|}}{N}—\underset{\underset{O}{\|}}{C}—\overset{H\ \ R}{C}—\overset{\overset{O}{\|}}{C}—\underset{\underset{H}{|}}{N}—\underset{H\ \ R}{C}—\overset{\overset{H}{|}}{N}—\underset{\underset{O}{\|}}{C}—\overset{H\ \ R}{C}\ \cdots$$

Die schwächste Stelle in dem Riesenmolekül ist die Peptid-Bindung, sie kann durch Säure oder Lauge aufhydrolysiert werden. Dabei entstehen zunächst niedere Polypeptide, die bis zu den einzelnen Aminosäuren weiter hydrolysiert werden können.

Synthetische hochmolekulare Stoffe, die nach dem Prinzip der Polypeptide aufgebaut sind, sind die Polyamide Nylon und Perlon.

Für die folgenden Versuche wird eine Eiweißlösung benötigt, die man durch Auflösen von etwa 2 g Eialbumin in 20 ml Wasser herstellt. Die Lösung muß vor dem Gebrauch filtriert werden.

Versuch Nr. 142

Etwa 2—3 ml der Eiweißlösung werden zum Sieden erhitzt; das Eiweiß gerinnt und flockt aus.

Versuch Nr. 143

Man versetze wenige Milliliter der Eiweißlösung, a) mit einer Spatelspitze Ammoniumsulfat, b) mit verdünnter Schwefelsäure. Durch den Elektrolytzusatz wird das Eiweiß ausgefällt.

Versuch Nr. 144

Zu wenigen Millilitern der Eiweiß-Lösung gebe man zuerst einige Milliliter verdünnte Natronlauge und darauf einen Tropfen einer verdünnten $CuSO_4$-Lösung. Die Lösung färbt sich violett, da Eiweißstoffe die Biuretreaktion geben (vgl. Vers. Nr. 130).

Versuch Nr. 145

Zum Nachweis der Elemente Stickstoff und Schwefel erhitzt man wenige Milliliter der Eiweiß-Lösung mit verdünnter Natronlauge; dabei entweicht Ammoniak, das mit einem angefeuchteten Streifen Indikatorpapier nachgewiesen wird. Zum Nachweis des Schwefels wird die Lösung angesäuert und anschließend mit Bleiacetat-Lösung versetzt, es fällt schwarzes Bleisulfid aus.

Kohlenhydrate

Einfache Zucker und die aus ihnen aufgebauten Polysaccharide, wie Stärke und Cellulose, werden wegen ihrer Zusammensetzung $C_x(H_2O)_y$ auch Kohlenhydrate genannt. Sie sind in der Natur weitverbreitet; Zucker und Stärke sind für die Ernährung von großer Wichtigkeit, Cellulose dient der Pflanze als Gerüstsubstanz. Bausteine dieser bedeutungsvollen Verbindungsklasse sind die auf S. 110 behandelten einfachen Aldosen und Ketosen, der Glucose fällt hierbei eine besondere Rolle zu.

In ähnlicher Weise wie durch Verknüpfung von Aminosäuren über die Oligopeptide in kontinuierlicher Folge schließlich die hochmolekularen Eiweißstoffe entstehen, lassen sich aus wenigen Molekülen der einfachen Zucker Oligosaccharide, oder — aus sehr vielen aneinandergereihten Glucosemolekülen — die Polysaccharide aufbauen. Dabei liegen die Zucker stets in der Halbacetalform vor. Das Aufbauprinzip dieser Stoffklasse zeigt die Betrachtung einfacher Disaccharide.

Disaccharide. In den Disacchariden sind ein Aldose- oder Ketosemolekül mit ihrer halbacetalartig maskierten Aldehyd- oder Ketogruppe mit einer Alkoholgruppe eines zweiten Zuckers unter Wasseraustritt zusammengetreten. Disaccharide der Hexosen haben daher die Zusammensetzung:

$$2C_6H_{12}O_6 - H_2O = C_{12}H_{22}O_{11}.$$

Das Hydroxyl des 2. Zuckers kann dabei eines der alkoholischen oder aber das der Halbacetalgruppe zugehörige sein.

Im Milchzucker (Lactose) ist Glucose mit Galaktose in der Weise verbunden, daß die Hydroxylgruppe am C-Atom 4 der Glucose mit dem Hydroxyl der Halbacetalgruppe der Galaktose β-galaktosidisch unter Wasseraustritt zusammengetreten ist (s. hierzu S. 112).

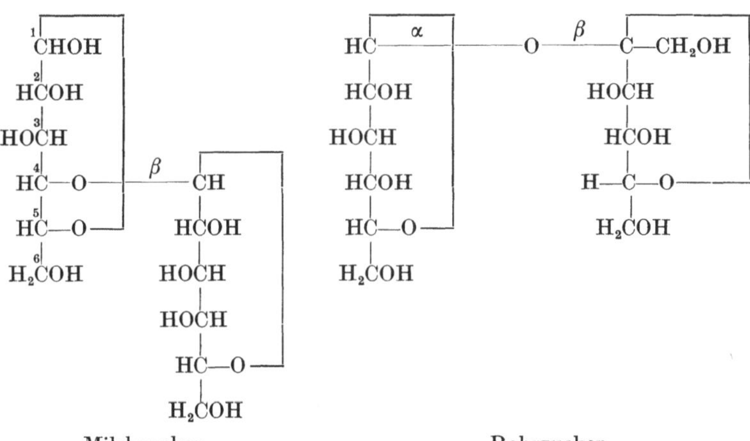

Milchzucker Rohrzucker

Da bei der Glucose das aldehydische Ende am C-Atom 1 nicht verändert ist, reduziert Milchzucker Fehlingsche Losung.

Beim Rohrzucker ist ein Glucosemolekül α-glucosidisch mit dem Hydroxyl der acetalartig maskierten Ketogruppe der Fructose verbunden. Dadurch sind die beiden oxydierbaren Gruppen gesperrt, so daß Fehlingsche Lösung durch Rohrzucker nicht reduziert wird.

Die glykosidische Bindung ist nur gegen saure Hydrolyse nicht stabil. Mit verdünnter Mineralsäure zerfällt Rohrzucker schon in der Kälte in ein Gemisch von Glucose und Fructose, das Fehlingsche Lösung nun reduziert. Bemerkenswert ist die hierbei eintretende Änderung des Drehungssinnes, die polarisiertes Licht bei seinem Durchgang durch die Lösung erfährt. Während Rohrzucker stark nach rechts dreht, bewirkt das Gemisch eine Linksdrehung, weil die freie Fructose stärker nach links als die freie Glucose nach rechts dreht. Diese Umkehrung der Drehung wird als Inversion, und das durch Hydrolyse des Rohrzuckers entstandene Gemisch auch als Invertzucker bezeichnet. Er ist Bestandteil des Honigs.

Polysaccharide. In den Polysacchariden sind sehr viele Glucosemolekule zu langen Kettenmolekülen derart miteinander verbunden, daß die Alkoholgruppe am C-Atom 4 des einen Glucosemoleküls mit dem Halbacetal-Hydroxyl eines zweiten Moleküls zusammengetreten ist. Polysaccharide besitzen demnach folgende Formel:

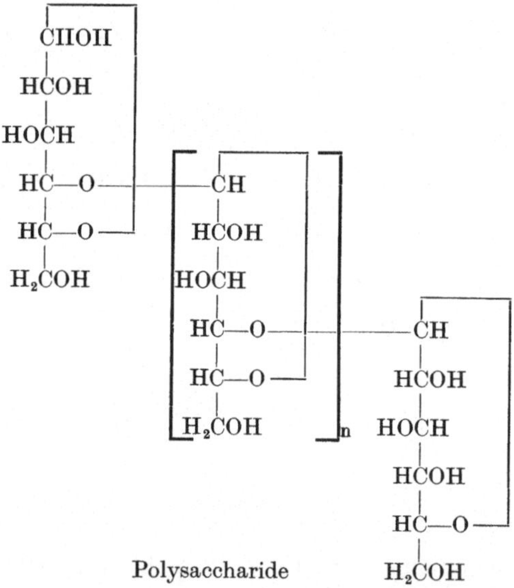

```
 ┌──────┐
 CHOH   │                                          |     β 1┌──────┐
 |      │                                        HC—O———C—H
 HCOH   │                                          |       |
 |      │                                         Cellulose
HOCH    │      ┌ ┌──────┐ ┐
 |      │      │ │      │ │
 HC—O———┼──────┼─CH     │ │                        |      α  ┌- - -
 |      │      │ |      │ │                      HC—O———————┤
 HC—O———┘      │ HCOH   │ │                        |         |  │
 |             │ |      │ │                               H¹C—┘
H₂COH          │HOCH    │ │                                 |
               │ |      │ │     ┌──────┐                 Starke
               │ HC—O———┼─┼─────CH     │
               │ |      │ │     |      │
               │ HC—O———┘ │     HCOH   │
               │ |        │     |      │
               └ H₂COH    ┘n   HOCH    │
                                |      │
                                HCOH   │
                                |      │
                                HC—O———┘
                                |
      Polysaccharide           H₂COH
```

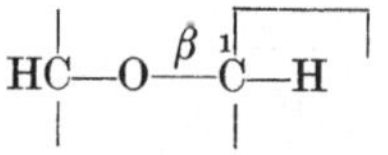

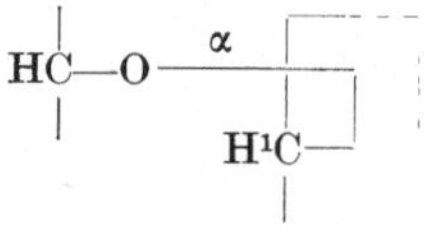

Bei der Stärke und Cellulose ist n sehr groß ($n > 1000$). Die Zusammensetzung dieser beiden Polysaccharide läßt sich daher angenähert durch die Formel $(C_6H_{10}O_5)_n$ angeben. Infolge der Sperrung der Aldehydgruppe aller Glucosemoleküle reduzieren Stärke und Cellulose keine Fehlingsche Lösung. Beim Kochen mit Säuren findet ein hydrolytischer Abbau statt, zunächst entstehen größere und kleinere Bruchstücke, die bei ausreichender Hydrolysedauer schließlich in Glucose übergehen. Biologisch wichtig ist der enzymatische Abbau der Polysaccharide; wirksame Enzyme finden sich z. B. im Magensaft, im Speichel und im Malz.

In chemischer Hinsicht liegt der Unterschied zwischen Cellulose und Stärke hauptsächlich in der Konfiguration am C-Atom 1 der Glucosemoleküle. In der Stärke sind die Glucosemoleküle α-glucosidisch, in der Cellulose dagegen β-glucosidisch verknüpft.

Versuch Nr. 146

Etwas Milchzucker wird mit wenigen Millilitern Fehlingscher Lösung erwärmt. Es entsteht ein roter Niederschlag von Kupfer(I)-oxyd.

Versuch Nr. 147

Man löse eine Spatelspitze Rohrzucker in einigen Millilitern Wasser und verteile die Lösung auf 2 Reagensgläser. Eine Probe wird sofort mit Fehlingscher Lösung erwärmt; die andere wird zunächst mit einigen Tropfen verdünnter Salzsäure gekocht und dann — nachdem mit verdünnter Natronlauge neutralisiert wurde — mit Fehlingscher Lösung erwärmt. Nur beim letzten Versuch wird Fehlingsche Lösung reduziert, da im Rohrzucker beide reduzierenden Gruppen blockiert sind und erst bei der sauren Hydrolyse ein Gemisch von Glucose und Fructose gebildet wird. Formuliere die Hydrolysereaktion an der Strukturformel des Rohrzuckers!

Zur Herstellung einer Stärkelösung wird eine Spatelspitze lösliche Stärke mit einigen Millilitern Wasser in der Reibschale verrieben. Die Aufschlemmung wird unter Rühren in 50 ml heißes Wasser eingegossen, man erhält einen kolloiden Stärkekleister.

Versuch Nr. 148

Einige Milliliter der Stärkelösung werden — wie in Vers. Nr. 147 beschrieben — zunächst ohne vorherige saure Hydrolyse, dann nach Kochen mit verdünnter Salzsäure auf reduzierende Eigenschaften gegenüber Fehlingscher Lösung geprüft.

Versuch Nr. 149

Zu einigen Millilitern der Stärkelösung füge man in einem Reagensglas mittels eines Trichters etwas Speichel. Man spüle mit wenig Wasser nach und schüttele das Gemisch kräftig durch. Beim Erwärmen mit wenigen Tropfen Fehlingscher Lösung scheidet sich Cu_2O ab.

Versuch Nr. 150

Cellulose ist in Wasser unlöslich. Dagegen löst sie sich gut in ammoniakalischem Kupferhydroxyd (Schweitzers Reagens). Hierbei tritt Komplexbildung ein, die dem Vorgang bei der Bildung der

Fehlingschen Lösung sehr ähnlich ist. Man macht davon bei der Kunstseideherstellung Gebrauch; die komplexe Kupfer-Cellulose-Lösung wird hierbei durch feine Düsen in ein Säurebad gepreßt. Das Komplexsalz wird dadurch wieder in Cu^{2+}-Ion und Cellulose zerlegt, die sich fadenformig ausscheidet.

Etwas $CuSO_4$-Lösung wird mit verdünnter Natronlauge versetzt und das ausgefallene $Cu(OH)_2$ durch Zugabe von konz. Ammoniakwasser wieder in Lösung gebracht. In diese Lösung wird wenig Watte eingetragen und die Auflösung durch Rühren mit dem Glasstab unterstützt. Beim Eingießen der dickflüssigen „Schweitzer Lösung" in ein mit verdünnter Schwefelsäure gefülltes Becherglas fällt die Cellulose wieder aus.

Versuch Nr. 151

Einige Filterpapierschnitzel werden in einem Erlenmeyer-Kölbchen etwa 30 min lang mit 30—50 ml verdünnter Schwefelsaure gekocht. Die Lösung wird anschließend mit verdünnter Natronlauge neutralisiert. Man versetze eine Probe der erhaltenen Lösung im Reagensglas mit einem Milliliter Fehlingscher Lösung und erwärme. Bei der Hydrolyse der Cellulose ist Glucose entstanden, die durch ihre Reduktionswirkung nachgewiesen wird.

Fette

Neben den Kohlenhydraten und Eiweißstoffen sind die natürlichen Fette und Öle Hauptbestandteil der menschlichen und tierischen Nahrung*. Sie finden sich im Pflanzenreich als Reservestoffe in vielen Früchten und Samen angereichert.

Chemisch sind Fette Ester höherer gesättigter und ungesättigter Fettsäuren mit dem dreiwertigen Alkohol Glycerin. Dabei ist bemerkenswert, daß in den natürlichen Fetten nur Fettsäuren mit einer geraden Zahl von C-Atomen vorkommen. Die hauptsächlich vorkommenden Säurekomponenten der Fette sind: Palmitinsäure, CH_3—$(CH_2)_{14}$—COOH; Stearinsäure, CH_3—$(CH_2)_{16}$—COOH und Ölsäure, CH_3—$(CH_2)_7$—CH=CH—$(CH_2)_7$—COOH. Daneben liegen in geringer Menge auch niedere Fettsäuren bis herunter zur Buttersäure, CH_3—$(CH_2)_2$—COOH, vor. Flüssige und weiche Fette enthalten vor allem die ungesättigte Ölsäure, sie lassen sich „härten", indem man die Doppelbindungen katalytisch mit Wasserstoff in Gegenwart

* Neben diesen der Menge nach bedeutendsten 3 Nahrungsstoffen sind noch die Vitamine für die gesunde Ernahrung unerlaßlich. Sie mussen dem Organismus ebenfalls mit der Nahrung zugefuhrt werden.

feinverteilten Nickels hydriert. Hierbei wird die Ölsäure in Stearinsäure übergeführt.

Beim Kochen mit Alkalilauge werden die Fette hydrolytisch in Glycerin und die Alkalisalze der Fettsäuren gespalten, welche uns als Seifen dienen:

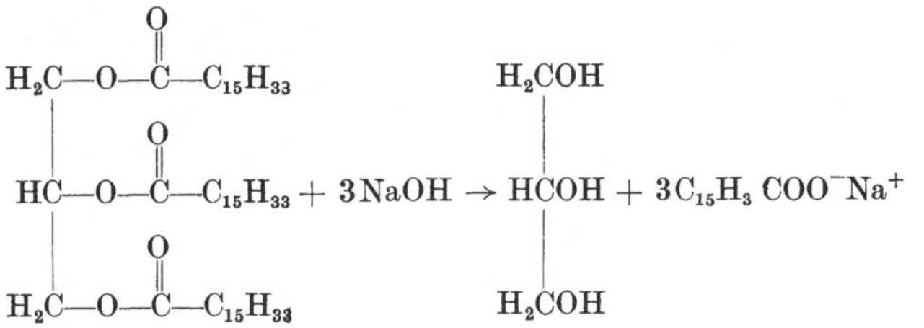

$$
\begin{array}{l}
H_2C\text{—}O\text{—}\overset{\overset{\displaystyle O}{\|}}{C}\text{—}C_{15}H_{33} \\
\quad | \\
HC\text{—}O\text{—}\overset{\overset{\displaystyle O}{\|}}{C}\text{—}C_{15}H_{33} \\
\quad | \\
H_2C\text{—}O\text{—}\overset{\overset{\displaystyle O}{\|}}{C}\text{—}C_{15}H_{33} \\
\qquad \text{Fett}
\end{array}
+ 3\,NaOH \rightarrow
\begin{array}{l}
H_2COH \\
\quad | \\
HCOH \\
\quad | \\
H_2COH \\
\text{Glycerin}
\end{array}
+ \begin{array}{c} 3\,C_{15}H_3\,COO^-Na^+ \\ \text{Seife} \end{array}
$$

Im Organismus werden die Fette unter der Einwirkung von Enzymen (Lipasen) gespalten, die in der Bauchspeicheldrüse erzeugt und in den Darm abgegeben werden.

Versuch Nr. 152

Zu einer Losung von 1—2 Plätzchen Kaliumhydroxyd in wenigen Millilitern Alkohol füge man einen Tropfen Olivenöl und erhitze die Lösung während einiger Minuten zum Sieden. Die Mischung wird mit dem doppelten Volumen Wasser verdünnt und darauf mit wenigen Millilitern verdünnter Schwefelsäure angesäuert. Dabei fällt die Ölsäure als milchige Trübung aus. Stelle die Reaktionsgleichung auf.

Versuch Nr. 153

Wenige Tropfen Olivenöl werden zusammen mit einer Spatelspitze Kaliumhydrogensulfat in einem trockenen Reagensglas unter dem Abzug erhitzt. Hierbei entsteht aus dem Glycerin des Öles unter Wasserabspaltung der Aldehyd Acrolein, der an seinem unangenehmen Geruch erkannt wird.

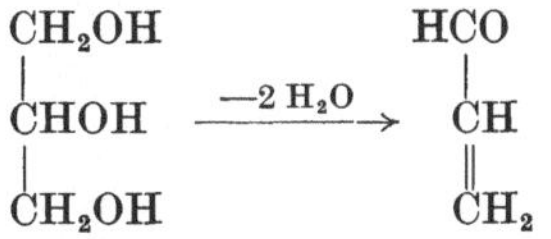

$$
\begin{array}{l}
CH_2OH \\
| \\
CHOH \\
| \\
CH_2OH
\end{array}
\xrightarrow{-2\,H_2O}
\begin{array}{l}
HCO \\
| \\
CH \\
\| \\
CH_2
\end{array}
$$

Versuch Nr. 154

Zum Nachweis der Doppelbindung im Olivenöl löse man wenige Tropfen Olivenöl in 2—3 ml Eisessig. Eine zugefügte

Bromlösung in Eisessig wird rasch entfärbt, da das Brom an die Doppelbindung addiert wird.

Durch die Doppelbindung ist die freie Drehbarkeit an der

$$\begin{matrix} \diagdown & & \diagup \\ & C{=}C & \\ \diagup & & \diagdown \end{matrix}$$

Bindung der Ölsäure aufgehoben. Zwischen den beiden mittleren C-Atomen ist dadurch eine Ebene im Molekül festgelegt; die an diese beiden C-Atome gebundenen Reste können daher entweder auf der gleichen Seite oder entgegengesetzt auf verschiedenen Seiten der Ebene stehen. Hierdurch tritt „Cis-trans-Isomerie" auf. Die Ölsäure ist die cis-Form, die trans-Form heißt Elaidinsäure.

$$\begin{matrix} & HC-(CH_2)_7-CO_2H \\ & \| \\ CH_3-(CH_2)_7-CH & \end{matrix} \qquad \begin{matrix} HC-(CH_2)_7-CO_2H \\ \| \\ HC-(CH_2)_7-CH_3 \end{matrix}$$

Elaidinsaure Ölsaure

Versuch Nr. 155

Man löse wenige Seifenschnitzel in 5 ml Wasser und füge einige Tropfen $CaCl_2$-Lösung hinzu. Die Calciumsalze der Fettsäuren sind schwerlöslich, sie fallen daher aus. Da hartes Wasser (s. S. 91) lösliche Calcium- und Magnesium-Salze enthält, ist die Schaumbildung infolge der Ausfällung der waschaktiven Fettsäuren in hartem Wasser nur gering.

Literaturverzeichnis

Zu Kapitel I — VI. Hofmann, U. R., u. W. Rudorff: Anorganische Chemie. Braunschweig: F. Vieweg & Sohn 1956. — Holleman, A. F., u. E. Wiberg: Lehrbuch der Anorganischen Chemie. Berlin: Walter de Gruyter & Co. 1956. — Jander, G., u. H. Wendt: Lehrbuch der analytischen und praparativen anorganischen Chemie. Leipzig: S. Hirzel 1952. — Mahr, C.: Anorganisches Grundpraktikum. Weinheim: Verlag Chemie GmbH. 1952. — Nylén, P., u. N. Wigren: Einfuhrung in die Stochiometrie. Darmstadt: D. Steinkopff 1952. — Remy, H.: Grundriß der Anorganischen Chemie. Leipzig: Akad. Verlagsges. Geest & Portig, K. G. 1958. — Seel, F.: Atombau und Chemische Bindung. Stuttgart: F. Enke. 1956. Seel, F.: Valenztheoretische Begriffe. Weinheim: Verlag Chemie 1954.

Zu Kapitel VII. Teilweise wie unter I—VI, ferner Hein, F.: Chemische Koordinationslehre. Leipzig: S. Hirzel 1950.

Zu Kapitel VIII—IX. Jander, G., u. K. F. Jahr: Maßanalyse (Sammlung Goschen, Band 221/221 a). Berlin: W. de Gruyter & Co. 1959. — Nylén, P., u. N. Wigren: Einfuhrung in die Stochiometrie. Darmstadt: D. Steinkopff 1952. — Schwarzenbach, G.: Die komplexometrische Titration. Stuttgart: F. Enke 1955. — Seel, F.: Grundlagen der analytischen

Chemie und der Chemie in waßrigen Systemen. Weinheim: Verlag Chemie GmbH 1955. — VOGEL, A. J.: Quantitative Inorganic Analysis. London: Longmans, Green & Co. 1951.

Zu Kapitel X—XI. FREUDENBERG, K., u. H. PLIENINGER: Organische Chemie. Heidelberg: Quelle & Meyer 1958. — GATTERMANN, L., u. H. WIELAND: Die Praxis des organischen Chemikers. Berlin: W. de Gruyter & Co. 1958.

Zu Kapitel XII. CRAMER, F.: Papierchromatographie. Weinheim: Verlag Chemie GmbH 1958. — KLAGES, F.: Lehrbuch der organischen Chemie. Bd. III. Berlin: W. de Gruyter & Co. 1958.

Atomgewichtstabelle

der haufigsten Elemente auf eine Dezimale abgerundet

Element	Symbol	Atom-gewicht	Element	Symbol	Atom-gewicht
Aluminium	Al	27,0	Mangan	Mn	54,9
Antimon	Sb	121,8	Molybdan	Mo	96,0
Arsen	As	75,0	Natrium	Na	23,0
Barium	Ba	137,4	Nickel	Ni	58,7
Beryllium	Be	9,0	Palladium	Pd	106,7
Blei	Pb	207,2	Phosphor	P	31,0
Bor	B	10,8	Platin	Pt	195,2
Brom	Br	79,9	Quecksilber	Hg	200,6
Cadmium	Cd	112,4	Sauerstoff	O	16
Calcium	Ca	40,1	Schwefel	S	32,1
Cerium	Ce	140,1	Silber	Ag	107,9
Chlor	Cl	35,5	Silicium	Si	28,1
Chrom	Cr	52,0	Stickstoff	N	14,0
Eisen	Fe	55,8	Strontium	Sr	87,6
Fluor	F	19,0	Thallium	Tl	204,4
Gold	Au	197,2	Titan	Ti	47,9
Jod	J	126,9	Uran	U	238,1
Kalium	K	39,1	Vanadium	V	51,0
Kobalt	Co	58,9	Wasserstoff	H	1,(008)
Kohlenstoff	C	12,0	Wismut	Bi	209,0
Kupfer	Cu	63,6	Zink	Zn	65,4
Lithium	Li	6,9	Zinn	Sn	118,7
Magnesium	Mg	24,3			

Tabelle 1. *Das Periodensystem der Elemente.* (*Chemische Atomgewichtsskala*)

	Ia Ib	IIa IIb	IIIa IIIb	IVa IVb	Va Vb	VIa VIb	VIIa VIIb	VIIIa VIIIb
1	1 H 1,0080							2 He 4,003
2	3 Li 6,940	4 Be 9,013	5 B 10,82	6 C 12,010	7 N 14,008	8 O 16,000	9 F 19,00	10 Ne 20,183
3	11 Na 22,997	12 Mg 24,32	13 Al 26,97	14 Si 28,06	15 P 30,98	16 S 32,066	17 Cl 35,457	18 A 39,944
4	19 K 39,096 29 *Cu* 63,54	20 Ca 40,08 30 *Zn* 65,38	21 *Sc* 45,10 31 Ga 69,72	22 *Ti* 47,90 32 Ge 72,60	23 *V* 50,95 33 As 74,91	24 *Cr* 52,01 34 Se 78,96	25 *Mn* 54,93 35 Br 79,916	26 *Fe* 55,85 · 27 *Co* 58,94 · 28 *Ni* 58,69 36 Kr 83,7
5	37 Rb 85,48 47 *Ag* 107,880	38 Sr 87,63 48 *Cd* 112,41	39 Y 88,92 49 In 114,76	40 *Zr* 91,22 50 Sn 118,70	41 *Nb* 92,91 51 Sb 121,76	42 *Mo* 95,95 52 Te 127,61	43 *Tc* [99] 53 J 126,92	44 *Ru* 101,7 · 45 *Rh* 102,91 · 46 *Pd* 106,7 54 X 131,3
6	55 Cs 132,91 79 *Au* 197,2	56 Ba 137,36 80 *Hg* 200,61	57 *La* 138,92 81 Tl 204,39	58—71 s. u. · 72 *Hf* 178,6 82 Pb 207,21	73 *Ta* 180,88 83 Bi 209,00	74 *W* 183,92 84 Po 210	75 *Re* 186,31 85 At [210]	76 *Os* 190,2 · 77 *Ir* 193,1 · 78 *Pt* 195,23 86 Em 222
7	87 Fr [223]	88 Ra 226,05	89 *Ac* [227]	90—103 s. u.				

Lanthaniden. (*Seltene Erden*)

58 *Ce*	59 *Pr*	60 *Nd*	61 *Pm*	62 *Sm*	63 *Eu*	64 *Gd*	65 *Tb*	66 *Dy*	67 *Ho*	68 *Er*	69 *Tu*	70 *Yb*	71 *Lu*
140,13	140,92	144,27	[147]	150,43	152,0	156,9	159,2	162,46	164,94	167,2	169,4	173,04	174,99

Actiniden

90 *Th*	91 *Pa*	92 *U*	93 *Np*	94 *Pu*	95 *Am*	96 *Cm*	97 *Bk*	98 *Cf*	99 (*Ei*)	100 *H* (*Fm*)	101 (*Md*)	102 (*No*)	103—
232,12	231	238,07	—	—	—	—	—	—	—	—	—	—	—

Mantissen | Proportionalteile

N	0	1	2	3	4	5	6	7	8	9	1	2	3	4	5	6	7	8	9
10	0000	0043	0086	0128	0170	0212	0253	0294	0334	0374	4	8	12	17	21	25	29	33	37
11	0414	0453	0492	0531	0569	0607	0645	0682	0719	0755	4	8	11	15	19	23	26	30	34
12	0792	0828	0864	0899	0934	0969	1004	1038	1072	1106	3	7	10	14	17	21	24	28	31
13	1139	1173	1206	1239	1271	1303	1335	1367	1399	1430	3	6	10	13	16	19	23	26	29
14	1461	1492	1523	1553	1584	1614	1644	1673	1703	1732	3	6	9	12	15	18	21	24	27
15	1761	1790	1818	1847	1875	1903	1931	1959	1987	2014	3	6	8	11	14	17	20	22	25
16	2041	2068	2095	2122	2148	2175	2201	2227	2253	2279	3	5	8	11	13	16	18	21	24
17	2304	2330	2355	2380	2405	2430	2455	2480	2504	2529	2	5	7	10	12	15	17	20	22
18	2553	2577	2601	2625	2648	2672	2695	2718	2742	2765	2	5	7	9	12	14	16	19	21
19	2788	2810	2833	2856	2878	2900	2923	2945	2967	2989	2	4	7	9	11	13	16	18	20
20	3010	3032	3054	3075	3096	3118	3139	3160	3181	3201	2	4	6	8	11	13	15	17	19
21	3222	3243	3263	3284	3304	3324	3345	3365	3385	3404	2	4	6	8	10	12	14	16	18
22	3424	3444	3464	3483	3502	3522	3541	3560	3579	3598	2	4	6	8	10	12	14	15	17
23	3617	3636	3655	3674	3692	3711	3729	3747	3766	3784	2	4	6	7	9	11	13	15	17
24	3802	3820	3838	3856	3874	3892	3909	3927	3945	3962	2	4	5	7	9	11	12	14	16
25	3979	3997	4014	4031	4048	4065	4082	4099	4116	4133	2	3	5	7	9	10	12	14	15
26	4150	4166	4183	4200	4216	4232	4249	4265	4281	4298	2	3	5	7	8	10	11	13	15
27	4314	4330	4346	4362	4378	4393	4409	4425	4440	4456	2	3	5	6	8	9	11	13	14
28	4472	4487	4502	4518	4533	4548	4564	4579	4594	4609	2	3	5	6	8	9	11	12	14
29	4624	4639	4654	4669	4683	4698	4713	4728	4742	4757	1	3	4	6	7	9	10	12	13
30	4771	4786	4800	4814	4829	4843	4857	4871	4886	4900	1	3	4	6	7	9	10	11	13
31	4914	4928	4942	4955	4969	4983	4997	5011	5024	5038	1	3	4	6	7	8	10	11	12
32	5051	5065	5079	5092	5105	5119	5132	5145	5159	5172	1	3	4	5	7	8	9	11	12
33	5185	5198	5211	5224	5237	5250	5263	5276	5289	5302	1	3	4	5	6	8	9	10	12
34	5315	5328	5340	5353	5366	5378	5391	5403	5416	5428	1	3	4	5	6	8	9	10	11
35	5441	5453	5465	5478	5490	5502	5514	5527	5539	5551	1	2	4	5	6	7	9	10	11
36	5563	5575	5587	5599	5611	5623	5635	5647	5658	5670	1	2	4	5	6	7	8	10	11
37	5682	5694	5705	5717	5729	5740	5752	5763	5775	5786	1	2	3	5	6	7	8	9	10
38	5798	5809	5821	5832	5843	5855	5866	5877	5888	5899	1	2	3	5	6	7	8	9	10
39	5911	5922	5933	5944	5955	5966	5977	5988	5999	6010	1	2	3	4	5	7	8	9	10
40	6021	6031	6042	6053	6064	6075	6085	6096	6107	6117	1	2	3	4	5	6	8	9	10
41	6128	6138	6149	6160	6170	6180	6191	6201	6212	6222	1	2	3	4	5	6	7	8	9
42	6232	6243	6253	6263	6274	6284	6294	6304	6314	6325	1	2	3	4	5	6	7	8	9
43	6335	6345	6355	6365	6375	6385	6395	6405	6415	6425	1	2	3	4	5	6	7	8	9
44	6435	6444	6454	6464	6474	6484	6493	6503	6513	6522	1	2	3	4	5	6	7	8	9
45	6532	6542	6551	6561	6571	6580	6590	6599	6609	6618	1	2	3	4	5	6	7	8	9
46	6628	6637	6646	6656	6665	6675	6684	6693	6702	6712	1	2	3	4	5	6	7	7	8
47	6721	6730	6739	6749	6758	6767	6776	6785	6794	6803	1	2	3	4	5	5	6	7	8
48	6812	6821	6830	6839	6848	6857	6866	6875	6884	6893	1	2	3	4	4	5	6	7	8
49	6902	6911	6920	6928	6937	6946	6955	6964	6972	6981	1	2	3	4	4	5	6	7	8
50	6990	6998	7007	7016	7024	7033	7042	7050	7059	7067	1	2	3	3	4	5	6	7	8
51	7076	7084	7093	7101	7110	7118	7126	7135	7143	7152	1	2	3	3	4	5	6	7	8
52	7160	7168	7177	7185	7193	7202	7210	7218	7226	7235	1	2	2	3	4	5	6	7	7
53	7243	7251	7259	7267	7275	7284	7292	7300	7308	7316	1	2	2	3	4	5	6	6	7
54	7324	7332	7340	7348	7356	7364	7372	7380	7388	7396	1	2	2	3	4	5	6	6	7
	0	1	2	3	4	5	6	7	8	9	1	2	3	4	5	6	7	8	9

Beispiele zur Anwendung der Logarithmentafel s. S. 135

Mantissen | Proportionalteile

N	0	1	2	3	4	5	6	7	8	9	1	2	3	4	5	6	7	8	9
55	7404	7412	7419	7427	7435	7443	7451	7459	7466	7474	1	2	2	3	4	5	5	6	7
56	7482	7490	7497	7505	7513	7520	7528	7536	7543	7551	1	2	2	3	4	5	5	6	7
57	7559	7566	7574	7582	7589	7597	7604	7612	7619	7627	1	2	2	3	4	5	5	6	7
58	7634	7642	7649	7657	7664	7672	7679	7686	7694	7701	1	1	2	3	4	4	5	6	7
59	7709	7716	7723	7731	7738	7745	7752	7760	7767	7774	1	1	2	3	4	4	5	6	7
60	7782	7789	7796	7803	7810	7818	7825	7832	7839	7846	1	1	2	3	4	4	5	6	6
61	7853	7860	7868	7875	7882	7889	7896	7903	7910	7917	1	1	2	3	4	4	5	6	6
62	7924	7931	7938	7945	7952	7959	7966	7973	7980	7987	1	1	2	3	3	4	5	6	6
63	7993	8000	8007	8014	8021	8028	8035	8041	8048	8055	1	1	2	3	3	4	5	5	6
64	8062	8069	8075	8082	8089	8096	8102	8109	8116	8122	1	1	2	3	3	4	5	5	6
65	8129	8138	8142	8149	8156	8162	8169	8176	8182	8189	1	1	2	3	3	4	5	5	6
66	8195	8202	8209	8215	8222	8228	8235	8241	8248	8254	1	1	2	3	3	4	5	5	6
67	8261	8267	8274	8280	8287	8293	8299	8306	8312	8319	1	1	2	3	3	4	5	5	6
68	8325	8331	8338	8344	8351	8357	8363	8370	8376	8382	1	1	2	3	3	4	4	5	6
69	8388	8395	8401	8407	8414	8420	8426	8432	8439	8445	1	1	2	2	3	4	4	5	6
70	8451	8457	8463	8470	8476	8482	8488	8494	8500	8506	1	1	2	2	3	4	4	5	6
71	8513	8519	8525	8531	8537	8543	8549	8555	8561	8567	1	1	2	2	3	4	4	5	5
72	8573	8579	8585	8591	8597	8603	8609	8615	8621	8627	1	1	2	2	3	4	4	5	5
73	8633	8639	8645	8651	8657	8663	8669	8675	8681	8686	1	1	2	2	3	4	4	5	5
74	8692	8698	8704	8710	8716	8722	8727	8733	8739	8745	1	1	2	2	3	4	4	5	5
75	8751	8756	8762	8768	8774	8779	8785	8791	8797	8802	1	1	2	2	3	3	4	5	5
76	8808	8814	8820	8825	8831	8837	8842	8848	8854	8859	1	1	2	2	3	3	4	5	5
77	8865	8871	8876	8882	8887	8893	8899	8904	8910	8915	1	1	2	2	3	3	4	4	5
78	8921	8927	8932	8938	8943	8949	8954	8960	8965	8971	1	1	2	2	3	3	4	4	5
79	8976	8082	8987	8993	8998	9004	9009	9015	9020	9025	1	1	2	2	3	3	4	4	5
80	9031	9036	9042	9047	9053	9058	9063	9069	9074	9079	1	1	2	2	3	3	4	4	5
81	9085	9090	9096	9101	9106	9112	9117	9122	9128	9133	1	1	2	2	3	3	4	4	5
82	9138	9143	9149	9154	9159	9165	9170	9175	9180	9186	1	1	2	2	3	3	4	4	5
83	9191	9196	9201	9206	9212	9217	9222	9227	9232	9238	1	1	2	2	3	3	4	4	5
84	9243	9248	9253	9258	9263	9269	9274	9279	9284	9289	1	1	2	2	3	3	4	4	5
85	9294	9299	9304	9309	9315	9320	9325	9330	9335	9340	1	1	2	2	3	3	4	4	5
86	9345	9350	9355	9360	9365	9370	9375	9380	9385	9390	1	1	2	2	3	3	4	4	5
87	9395	9400	9405	9410	9415	9420	9425	9430	9435	9440	0	1	1	2	2	3	3	4	4
88	9445	9450	9455	9460	9465	9469	9474	9479	9484	9489	0	1	1	2	2	3	3	4	4
89	9494	9499	9504	9509	9513	9518	9523	9528	9533	9538	0	1	1	2	2	3	3	4	4
90	9542	9547	9552	9557	9562	9566	9571	9576	9581	9586	0	1	1	2	2	3	3	4	4
91	9590	9595	9600	9605	9609	9614	9619	9624	9628	9633	0	1	1	2	2	3	3	4	4
92	9638	9643	9647	9652	9657	9661	9666	9671	9675	9680	0	1	1	2	2	3	3	4	4
93	9685	9689	9694	9699	9703	9708	9713	9717	9722	9727	0	1	1	2	2	3	3	4	4
94	9731	9736	9741	9745	9750	9754	9759	9763	9768	9773	0	1	1	2	2	3	3	4	4
95	9777	9782	9786	9791	9795	9800	9805	9809	9814	9818	0	1	1	2	2	3	3	4	4
96	9823	9827	9832	9836	9841	9845	9850	9854	9859	9863	0	1	1	2	2	3	3	4	4
97	9868	9872	9877	9881	9886	9890	9894	9899	9903	9908	0	1	1	2	2	3	3	4	4
98	9912	9917	9921	9926	9930	9934	9939	9943	9948	9952	0	1	1	2	2	3	3	4	4
99	9956	9961	9965	9969	9974	9978	9983	9987	9991	9996	0	1	1	2	2	3	3	3	4
	0	1	2	3	4	5	6	7	8	9	1	2	3	4	5	6	7	8	9

Antilogarithmen | Proportionalteile

Log.	0	1	2	3	4	5	6	7	8	9	1	2	3	4	5	6	7	8	9
.00	1000	1002	1005	1007	1009	1012	1014	1016	1019	1021	0	0	1	1	1	1	2	2	2
.01	1023	1026	1028	1030	1033	1035	1038	1040	1042	1045	0	0	1	1	1	1	2	2	2
.02	1047	1050	1052	1054	1057	1059	1062	1064	1067	1069	0	0	1	1	1	1	2	2	2
.03	1072	1074	1076	1079	1081	1084	1086	1089	1091	1094	0	0	1	1	1	1	2	2	2
.04	1096	1099	1102	1104	1107	1109	1112	1114	1117	1119	0	1	1	1	1	2	2	2	2
.05	1122	1125	1127	1130	1132	1135	1138	1140	1143	1146	0	1	1	1	1	2	2	2	2
.06	1148	1151	1153	1156	1159	1161	1164	1167	1169	1172	0	1	1	1	1	2	2	2	2
.07	1175	1178	1180	1183	1186	1189	1191	1194	1197	1199	0	1	1	1	1	2	2	2	2
.08	1202	1205	1208	1211	1213	1216	1219	1222	1225	1227	0	1	1	1	1	2	2	2	3
.09	1230	1233	1236	1239	1242	1245	1247	1250	1253	1256	0	1	1	1	1	2	2	2	3
.10	1259	1262	1265	1268	1271	1274	1276	1279	1282	1285	0	1	1	1	1	2	2	2	3
.11	1288	1291	1294	1297	1300	1303	1306	1309	1312	1315	0	1	1	1	2	2	2	2	3
.12	1318	1321	1324	1327	1330	1334	1337	1340	1343	1346	0	1	1	1	2	2	2	2	3
.13	1349	1352	1355	1358	1361	1365	1368	1371	1374	1377	0	1	1	1	2	2	2	3	3
.14	1380	1384	1387	1390	1393	1396	1400	1403	1406	1409	0	1	1	1	2	2	2	3	3
.15	1413	1416	1419	1422	1426	1429	1432	1435	1439	1442	0	1	1	1	2	2	2	3	3
.16	1445	1449	1452	1455	1459	1462	1466	1469	1472	1476	0	1	1	1	2	2	2	3	3
.17	1479	1483	1486	1489	1493	1496	1500	1503	1507	1510	0	1	1	1	2	2	2	3	3
.18	1514	1517	1521	1524	1528	1531	1535	1538	1542	1545	0	1	1	1	2	2	2	3	3
.19	1549	1552	1556	1560	1563	1567	1570	1574	1578	1581	0	1	1	1	2	2	3	3	3
.20	1585	1589	1592	1596	1600	1603	1607	1611	1614	1618	0	1	1	1	2	2	3	3	3
.21	1622	1626	1629	1633	1637	1641	1644	1648	1652	1656	0	1	1	2	2	2	3	3	3
.22	1660	1663	1667	1671	1675	1679	1683	1687	1690	1694	0	1	1	2	2	2	3	3	3
.23	1698	1702	1706	1710	1714	1718	1722	1726	1730	1734	0	1	1	2	2	2	3	3	4
.24	1738	1742	1746	1750	1754	1758	1762	1766	1770	1774	0	1	1	2	2	2	3	3	4
.25	1778	1782	1786	1791	1795	1799	1803	1807	1811	1816	0	1	1	2	2	2	3	3	4
.26	1820	1824	1828	1832	1837	1841	1845	1849	1854	1858	0	1	1	2	2	3	3	3	4
.27	1862	1866	1871	1875	1879	1884	1888	1892	1897	1901	0	1	1	2	2	3	3	3	4
.28	1905	1910	1914	1919	1923	1928	1932	1936	1941	1945	0	1	1	2	2	3	3	4	4
.29	1950	1954	1959	1963	1968	1972	1977	1982	1986	1991	0	1	1	2	2	3	3	4	4
.30	1995	2000	2004	2009	2014	2018	2023	2028	2032	2037	0	1	1	2	2	3	3	4	4
.31	2042	2046	2051	2056	2061	2065	2070	2075	2080	2084	0	1	1	2	2	3	3	4	4
.32	2089	2094	2099	2104	2109	2113	2118	2123	2128	2133	0	1	1	2	2	3	3	4	4
.33	2138	2143	2148	2153	2158	2163	2168	2173	2178	2183	0	1	1	2	2	3	3	4	4
.34	2188	2193	2198	2203	2208	2213	2218	2223	2228	2234	1	1	2	2	3	3	4	4	5
.35	2239	2244	2249	2254	2259	2265	2270	2275	2280	2286	1	1	2	2	3	3	4	4	5
.36	2291	2296	2301	2307	2312	2317	2323	2328	2333	2339	1	1	2	2	3	3	4	4	5
.37	2344	2350	2355	2360	2366	2371	2377	2382	2388	2393	1	1	2	2	3	3	4	4	5
.38	2399	2404	2410	2415	2421	2427	2432	2438	2443	2449	1	1	2	2	3	3	4	4	5
.39	2455	2460	2466	2472	2477	2483	2489	2495	2500	2506	1	1	2	2	3	3	4	5	5
.40	2512	2518	2523	2529	2535	2541	2547	2553	2559	2564	1	1	2	2	3	4	4	5	5
.41	2570	2576	2582	2588	2594	2600	2606	2612	2618	2624	1	1	2	2	3	4	4	5	5
.42	2630	2636	2642	2649	2655	2661	2667	2673	2679	2685	1	1	2	2	3	4	4	5	6
.43	2692	2698	2704	2710	2716	2723	2729	2735	2742	2748	1	1	2	3	3	4	4	5	6
.44	2754	2761	2767	2773	2780	2786	2793	2799	2805	2812	1	1	2	3	3	4	4	5	6
.45	2818	2825	2831	2838	2844	2851	2858	2864	2871	2877	1	1	2	3	3	4	5	5	6
.46	2884	2891	2897	2904	2911	2917	2924	2931	2938	2944	1	1	2	3	3	4	5	5	6
.47	2951	2958	2965	2972	2979	2985	2992	2999	3006	3013	1	1	2	3	3	4	5	5	6
.48	3020	3027	3034	3041	3048	3055	3062	3069	3076	3083	1	1	2	3	4	4	5	6	6
.49	3090	3097	3105	3112	3119	3126	3133	3141	3148	3155	1	1	2	3	4	4	5	6	6
	0	1	2	3	4	5	6	7	8	9	1	2	3	4	5	6	7	8	9

Proportionalteile

Log.	0	1	2	3	4	5	6	7	8	9	1	2	3	4	5	6	7	8	9
.50	3162	3170	3177	3184	3192	3199	3206	3214	3221	3228	1	1	2	3	4	4	5	6	7
.51	3236	3243	3251	3258	3266	3273	3281	3289	3296	3304	1	2	2	3	4	5	5	6	7
.52	3311	3319	3327	3334	3342	3350	3357	3365	3373	3381	1	2	2	3	4	5	5	6	7
.53	3388	3396	3404	3412	3420	3428	3436	3443	3451	3459	1	2	2	3	4	5	6	6	7
.54	3467	3475	3483	3491	3499	3508	3516	3524	3532	3540	1	2	2	3	4	5	6	6	7
.55	3548	3556	3565	3573	3581	3589	3597	3606	3614	3622	1	2	2	3	4	5	6	7	7
.56	3631	3639	3648	3656	3664	3673	3681	3690	3698	3707	1	2	3	3	4	5	6	7	8
.57	3715	3724	3733	3741	3750	3758	3767	3776	3784	3793	1	2	3	3	4	5	6	7	8
.58	3802	3811	3819	3828	3837	3846	3855	3864	3873	3882	1	2	3	4	4	5	6	7	8
.59	3890	3899	3908	3917	3926	3936	3945	3954	3963	3972	1	2	3	4	5	5	6	7	8
.60	3981	3990	3999	4009	4018	4027	4036	4046	4055	4064	1	2	3	4	5	6	6	7	8
.61	4074	4083	4093	4102	4111	4121	4130	4140	4150	4159	1	2	3	4	5	6	7	8	9
.62	4169	4178	4188	4198	4207	4217	4227	4236	4246	4256	1	2	3	4	5	6	7	8	9
.63	4266	4276	4285	4295	4305	4315	4325	4335	4345	4355	1	2	3	4	5	6	7	8	9
.64	4365	4375	4385	4395	4406	4416	4426	4436	4446	4457	1	2	3	4	5	6	7	8	9
.65	4467	4477	4487	4498	4508	4519	4529	4539	4550	4560	1	2	3	4	5	6	7	8	9
.66	4571	4581	4592	4603	4613	4624	4634	4645	4656	4667	1	2	3	4	5	6	7	9	10
.67	4677	4688	4699	4710	4721	4732	4742	4753	4764	4775	1	2	3	4	5	7	8	9	10
.68	4786	4797	4808	4819	4831	4842	4853	4864	4875	4887	1	2	3	4	6	7	8	9	10
.69	4898	4909	4920	4932	4943	4955	4966	4977	4989	5000	1	2	3	5	6	7	8	9	10
.70	5012	5023	5035	5047	5058	5070	5082	5093	5105	5117	1	2	4	5	6	7	8	9	11
.71	5129	5140	5152	5164	5176	5188	5200	5212	5224	5236	1	2	4	5	6	7	8	10	11
.72	5248	5260	5272	5284	5297	5309	5321	5333	5346	5358	1	2	4	5	6	7	9	10	11
.73	5370	5383	5395	5408	5420	5433	5445	5458	5470	5483	1	3	4	5	6	8	9	10	11
.74	5495	5508	5521	5534	5546	5559	5572	5585	5598	5610	1	3	4	5	6	8	9	10	12
.75	5623	5636	5649	5662	5675	5689	5702	5715	5728	5741	1	3	4	5	7	8	9	10	12
.76	5754	5768	5781	5794	5808	5821	5834	5848	5861	5875	1	3	4	5	7	8	9	11	12
.77	5888	5902	5916	5929	5943	5957	5970	5984	5998	6012	1	3	4	5	7	8	10	11	12
.78	6026	6039	6053	6067	6081	6095	6109	6124	6138	6152	1	3	4	6	7	8	10	11	13
.79	6166	6180	6194	6209	6223	6237	6252	6266	6281	6295	1	3	4	6	7	9	10	11	13
.80	6310	6324	6339	6353	6368	6383	6397	6412	6427	6442	1	3	4	6	7	9	10	12	13
.81	6457	6471	6486	6501	6516	6531	6546	6561	6577	6592	2	3	5	6	8	9	11	12	14
.82	6607	6622	6637	6653	6668	6683	6699	6714	6730	6745	2	3	5	6	8	9	11	12	14
.83	6761	6776	6792	6808	6823	6839	6855	6871	6887	6902	2	3	5	6	8	9	11	13	14
.84	6918	6934	6950	6966	6982	6998	7015	7031	7047	7063	2	3	5	6	8	10	11	13	15
.85	7079	7096	7112	7129	7145	7161	7178	7194	7211	7228	2	3	5	7	8	10	12	13	15
.86	7244	7261	7278	7295	7311	7328	7345	7362	7379	7396	2	3	5	7	8	10	12	13	15
.87	7413	7430	7447	7464	7482	7499	7516	7534	7551	7568	2	3	5	7	9	10	12	14	16
.88	7586	7603	7621	7638	7656	7674	7691	7709	7727	7745	2	4	5	7	9	11	12	14	16
.89	7762	7780	7798	7816	7834	7852	7870	7889	7907	7925	2	4	5	7	9	11	13	14	16
.90	7943	7962	7980	7998	8017	8035	8054	8072	8091	8110	2	4	6	7	9	11	13	15	17
.91	8128	8147	8166	8185	8204	8222	8241	8260	8279	8299	2	4	6	8	9	11	13	15	17
.92	8318	8337	8356	8375	8395	8414	8433	8453	8472	8492	2	4	6	8	10	12	14	15	17
.93	8511	8531	8551	8570	8590	8610	8630	8650	8670	8690	2	4	6	8	10	12	14	16	18
.94	8710	8730	8750	8770	8790	8810	8831	8851	8872	8892	2	4	6	8	10	12	14	16	18
.95	8913	8933	8954	8974	8995	9016	9036	9057	9078	9099	2	4	6	8	10	12	15	17	19
.96	9120	9141	9162	9183	9204	9226	9247	9268	9290	9311	2	4	6	8	11	13	15	17	19
.97	9333	9354	9376	9397	9419	9441	9462	9484	9506	9528	2	4	7	9	11	13	15	17	20
.98	9550	9572	9594	9616	9638	9661	9683	9705	9727	9750	2	4	7	9	11	13	16	18	20
.99	9772	9795	9817	9840	9863	9886	9908	9931	9954	9977	2	5	7	9	11	14	16	18	20
	0	1	2	3	4	5	6	7	8	9	1	2	3	4	5	6	7	8	9

Beispiele zur Anwendung der Logarithmentafel

Beispiel 1: Bestimmung des Logarithmus für die Zahl 246,4.

Man erhält aus der Tafel für 246,6 die Mantisse 3909

Hierzu addiere man die Zahl, die in der Proportionaltabelle auf derselben Zeile wie die Mantisse 1909 unter der Vertikalkolumne 4 steht 7

Kennziffer für 246 = 2, folglich Log. 246,4 = 2,3916

Beispiel 2: Bestimmung der zugehörigen Zahl für den Log 0,3967 — 2.

Man erhält aus der Tafel für Antilogarithmen für 396 2489

Hierzu addiere man die Zahl, die in der Proportionaltabelle auf derselben Zeile wie die Zahl 2489 unter der Kolumne 7 steht 4

folglich ist die Zahl = 0,02493

Sachverzeichnis